과학공화국
지구법정

5
지질시대

과학공화국 지구법정 5
지질시대

ⓒ 정완상, 2007

초판 1쇄 발행일 | 2007년 5월 31일
초판 16쇄 발행일 | 2023년 5월 1일

지은이 | 정완상
펴낸이 | 정은영
펴낸곳 | (주)자음과모음

출판등록 | 2001년 11월 28일 제2001-000259호
주소 | 10881 경기도 파주시 회동길 325-20
전화 | 편집부 (02)324-2347, 총무부 (02)325-6047
팩스 | 편집부 (02)324-2348, 총무부 (02)2648-1311
e-mail | jamoteen@jamobook.com

ISBN 978-89-544-1372-5 (04450)

과학공화국
지구법정

5
지질시대

정완상(국립 경상대학교 교수) 지음

㈜ 자음과모음

생활 속에서 배우는 기상천외한 과학 수업

지구과학과 법정, 이 두 가지는 전혀 어울리지 않은 소재들입니다. 그리고 여러분이 제일 어렵게 느끼는 말들이기도 하지요. 그럼에도 이 책의 제목에는 분명 '지구법정'이라는 말이 들어 있습니다. 그렇다고 이 책의 내용이 아주 어려울 거라고 생각하지는 마세요.

저는 법률과는 무관한 과학을 공부하는 사람입니다. 하지만 '법정'이라고 제목을 붙인 데는 이유가 있습니다.

이 책은 우리의 생활 속에서 일어나는 여러 가지 재미있는 사건을 다루고 있습니다. 그리고 과학적인 원리를 이용해 사건들을 차근차근 해결해 나간답니다. 그런데 크고 작은 사건들의 옳고 그름을 판단하기 위한 무대가 필요했습니다. 바로 그 무대로 법정이 생겨나게 되었답니다.

왜 하필 법정이냐고요? 요즘에는 〈솔로몬의 선택〉을 비롯하여 생활 속에서 일어나는 사건들을 법률을 통해 재미있게 풀어 보는 텔레비전 프로그램들이 많습니다. 그런데 그 프로그램들이 재미없다고 느껴지지는 않을 것입니다. 사건에 등장하는 인물들이 우스꽝스럽고, 사건을 해결하는 과정도 흥미진진하기 때문입니다. 〈솔로몬의 선택〉이 법률 상식을 쉽고 재미있게 애기하듯이, 이 책은 여러분의 지구과학 공부를 쉽고 재미있게 해 줄 것입니다.

여러분은 이 책을 읽고 나서 자신의 달라진 모습에 놀라게 될 것입니다. 과학에 대한 두려움이 싹 가시고, 새로운 문제에 대해 과학적인 호기심을 보이게 될 테니까요. 물론 여러분의 과학 성적도 쑥쑥 올라가겠죠.

끝으로 이 책을 쓰는 데 도움을 준 (주)자음과모음의 강병철 사장님과 모든 식구들에게 감사를 드리며 스토리 작업에 참가해 주말도 없이 함께 일해 준 조민경, 강지영, 이나리, 김미영, 도시은, 윤소연, 강민영, 황수진, 조민진 양에게 감사를 드립니다.

진주에서

정완상

목차

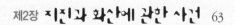

이 책을 읽기 전에 생활 속에서 배우는 기상천외한 과학 수업 4
프롤로그 지구법정의 탄생 8

제1장 지구 초기에 관한 사건 11

지구법정 1 대륙 이동–대륙이 움직인다고요?
지구법정 2 바다와 대륙의 형성–바다와 땅이 만들어진 시기
지구법정 3 동식물의 기원–동물과 식물의 탄생 시기
지구법정 4 조산 운동–산맥을 형성하는 지각 변동
지구법정 5 열점–열점이란 무엇일까요?
과학성적 끌어올리기

제2장 지진과 화산에 관한 사건 63

지구법정 6 지진 예보–지진에 민감한 동물들
지구법정 7 지진의 규모–리히터 규모란 무엇일까요?
지구법정 8 화산의 종류–휴화산은 언제 터질지 몰라요
지구법정 9 특이한 화산–구멍산은 화산일까요?
지구법정 10 화산 지역–지열 에너지 이용법
지구법정 11 화산 주위의 암석–마사지에 이용되는 돌
과학성적 끌어올리기

제3장 지구의 자전·공전에 관한 사건 127

지구법정 12 지구의 자전–1초 빼기
지구법정 13 지구 자전의 효과–남반구에서 온 지구과학 선생님
지구법정 14 지구의 공전–지구가 움직인다고요?
지구법정 15 지구의 자전축–오움진실교의 자전축 사기
과학성적 끌어올리기

제4장 지질시대에 관한 사건 163

지구법정 16 고생대 - 최초의 음식

지구법정 17 육식 공룡 - 쥐라기 공원에 웬 티라노사우루스?

지구법정 18 초식 공룡 - 크다고 다 육식 공룡은 아니죠

지구법정 19 다양한 공룡 - 작아서 귀여운 공룡

지구법정 20 익룡 - 하늘을 나는 익룡

지구법정 21 화석 - 석탄과 석유

지구법정 22 지질시대와 생물 - 인류의 등장

과학성적 끌어올리기

어쓰 변호사

제5장 바다에 관한 사건 233

지구법정 23 바다와 빛 - 캄캄한 바다 속

지구법정 24 바다 폭포 - 바다 속에 있는 폭포

지구법정 25 바다 온천 - 바다 속에 있는 온천

지구법정 26 산호 - 산호를 지켜야 하는 이유

지구법정 27 바다 생물 - 수족관의 고래

과학성적 끌어올리기

에필로그 지구과학과 친해지세요 286

지구법정의 탄생

'과학공화국'이라고 부르는 나라가 있었다. 이 나라에는 과학을 좋아하는 사람들이 모여 살았다. 인근에는 음악을 사랑하는 사람들이 살고 있는 뮤지오 왕국과 미술을 사랑하는 사람들이 사는 아티오 왕국 그리고 공업을 장려하는 공업공화국 등 여러 나라가 있었다.

과학공화국에 사는 사람들은 다른 나라 사람들에 비해 과학을 좋아했다. 어떤 사람은 물리를 좋아했고, 또 다른 사람은 수학을 좋아했다. 그리고 지구과학을 좋아하는 사람도 있었다.

지구과학은 사람들이 살고 있는 행성인 지구의 신비를 벗기는 학문이다. 그러나 과학공화국의 명성에 걸맞지 않게 국민들은 다른 과학 분야 중에서도 유독 지구과학만은 잘하지 못했다. 그리하여 지구에 관한 시험을 치르면 과학공화국 아이들보다 오히려 지리공화국 아이들의 점수가 더 높을 정도였다.

특히 최근에는 인터넷이 공화국 전역에 급속히 퍼지면서 게임에

중독된 과학공화국 아이들의 과학 실력은 기준 이하로 떨어졌다. 그러다 보니 자연 과학 과외나 학원이 성행하게 되었고, 그런 와중에 아이들에게 엉터리 과학을 가르치는 무자격 교사들도 우후죽순 나타나기 시작했다.

지구에서 살다 보면 지구과학과 관련한 여러 가지 문제에 부딪히게 되는데, 과학공화국 국민들의 지구과학에 대한 이해가 떨어져 곳곳에서 이로 인한 분쟁이 끊이지 않았다. 그리하여 과학공화국의 박과학 대통령은 장관들과 이 문제를 논의하기 위해 회의를 열었다.

"최근 들어 잦아진 지구과학 분쟁을 어떻게 처리하면 좋겠소."

대통령이 힘없이 말을 꺼냈다.

"헌법에 지구과학 부분을 좀 추가하면 어떨까요?"

법무부 장관이 자신 있게 말했다.

"좀 약하지 않을까?"

대통령이 못마땅한 듯이 대답했다.

"그럼 지구과학의 문제만을 전문적으로 다루는 새로운 법정을 만들면 어떨까요?"

지구부 장관이 말했다.

"바로 그거야. 과학공화국답게 그런 법정이 있어야지. 그래! 지구법정을 만들면 되는 거야. 그리고 그 법정에서 다룬 판례들을 신문에 게재하면 사람들이 더 이상 다투지 않고 자신의 잘못을 인정할 수 있을 거야."

대통령은 입을 환하게 벌리고 흡족해했다.

"그럼 국회에서 새로운 지구과학법을 만들어야 하지 않습니까?"

법무부 장관이 약간 불만족스러운 듯한 표정으로 말했다.

"지구과학은 우리가 사는 지구와 태양계의 주변 행성에서 일어나는 자연 현상입니다. 따라서 누가 관찰하든 같은 현상에 대해서는 같은 해석이 나오는 것이 지구과학입니다. 그러므로 지구과학법정에서는 새로운 법을 만들 필요가 없습니다. 혹시 다른 은하에 대한 재판이라면 모를까……."

지구부 장관이 법무부 장관의 말을 반박했다.

"그래, 맞아."

대통령은 지구법정을 건립하기로 결정하였고, 이렇게 해서 과학공화국에는 지구과학과 관련된 문제를 판결하는 지구법정이 만들어졌다. 초대 지구법정의 판사는 지구과학에 대한 책을 많이 쓴 지구짱 박사가 맡게 되었다. 그리고 두 명의 변호사를 선발했는데, 한 사람은 지구과학과를 졸업했지만 지구과학을 그리 잘 알지 못하는 '지치'라는 이름을 가진 40대였고, 다른 한 변호사는 어릴 때부터 지구과학 경시대회에서 대상을 놓치지 않았던 지구과학 천재인 '어쓰'였다.

이렇게 해서 과학공화국 사람들 사이에서 벌어지는 지구과학과 관련된 많은 사건들을 지구법정의 판결을 통해 깨끗하게 해결할 수 있었다.

지구 초기에 관한 사건

대륙 이동 − 대륙이 움직인다고요?

바다와 대륙의 형성 − 바다와 땅이 만들어진 시기

동식물의 기원 − 동물과 식물의 탄생 시기

조산 운동 − 산맥을 형성하는 지각 변동

열점 − 열점이란 무엇일까요?

대륙이 움직인다고요?

옛날에는 정말 지구상의 모든 대륙이 다 붙어 있었을까요?

사건속으로

햇살이 따사로운 오후, 베게나는 커피를 마시며 바깥 풍경에 심취해 있었다. 그의 어린 아들은 장난감을 가지고 얌전히 놀고 있었다.

"으아악!"

베게나는 들고 있던 커피 잔을 떨어뜨리고 머리를 감싸 쥐었다. 그가 소중히 여기는 세계 지도를 아들이 가위로 마구 오리고 있었던 것이다.

"이 녀석! 아빠 물건에 손대지 말라고 했지."

말귀를 알아들을 리 없는 아들은 베게나의 화난 얼굴을 보고 그제야 울음을 터뜨렸다.

"아니, 당신 물건은 당신이 잘 챙겨야 할 거 아니에요!"

그의 아내가 달려와 우는 아들을 진정시키며 안고 갔다. 베게나는 망연자실한 표정으로 조각난 지도를 바라보았다.

"역시 내 아들이라 그런지 가위질은 참 잘했군. 어찌 이리도 금을 따라서 잘 오렸을까."

아내는 아들의 가위질 솜씨에 감탄했으나, 베게나는 분노를 삭이지 못했다. 그 세계 지도는 베게나가 특별히 주문 제작한 하나밖에 없는 것이었기 때문이다.

"오호, 이게 어떻게 된 일이지?"

베게나는 안경을 벗어 손수건으로 닦았다. 시야가 깨끗해지자 다시 한 번 손에 들고 있던 조각난 지도를 보았다. 남아프리카 해안선과 남아메리카 해안선을 맞춰 보니 거의 일치했다.

"이거 연구해 볼 가치가 있겠는걸."

과학자로서 뭔가 영감을 얻은 그는 그때부터 혼자서 연구에 몰두하기 시작했다. 그러나 생각만큼 쉽지 않아 꽤 많은 시간을 투자해야 했다. 드디어 연구에 성과가 보이자 베게나는 그동안의 연구 결과를 정리해서 학회로 들고 갔다.

"이게 뭡니까?"

지구과학회장인 지오디 박사는 베게나가 들고 온 자료들을 건성으로 넘겨 보았다.

"그러니까 이건 정말 대단한 사실입니다. 옛날 아주 옛날에 호랑이가 담배 피우기도 전에 지구의 모든 대륙은 붙어 있었다, 이겁니다. 그 증거는 다 여기 있고요, 하하하. 올해 노벨상은 내 차지인가?"

지오디 박사는 더 읽을 가치도 없다는 듯 베게나의 자료들을 덮었다.

"여러분, 내 말 좀 들어 보세요. 이 사람이 세상에 지구가 한 덩어리였답니다. 이게 말이 됩니까?"

지오디 박사의 말에 과학자들이 술렁이기 시작했다.

"베게나 박사님, 요즘 외부와 연락을 끊고 연구만 하셨다더니 혹시 머리가 이렇게……?"

과학공화국에서 온 주피터 박사는 검지를 머리에 대고 빙빙 돌리는 시늉을 했다.

"지구가 무슨 장난감입니까? 붙었다 떼었다 하게. 본인도 과학자이면서 어찌 그런 억지 주장을 한단 말입니까? 베게나 박사."

"저도 처음에는 믿지 않았습니다. 하지만 증거가 있습니다, 증거가. 여길 보세요."

"베게나 박사, 여기 있는 모든 과학자들은 끈기 있고 영리한 당신을 과학자로서 존경해 왔소. 하지만 더는 당신을 과학자란 이름에 올릴 수 없군요. 그런 말도 안 되는 사실을 주장하는 과학자는 추방하는 수밖에."

베게나는 순간 온몸에 힘이 풀리며 멍해졌다.

"다른 과학자분들은 어찌 생각하십니까?"

지오디 박사의 말에 모두 입을 다물고만 있었다. 지오디 박사는 학회에서 영향력이 너무 세서 박사의 눈 밖에 났다가는 추방당하기 일쑤였기 때문이다.

"험험."

장내에는 기침 소리와 한숨 소리만 들릴 뿐 아무도 지오디 박사의 말에 반기를 드는 사람이 없었다. 화가 난 베게나는 그동안 애써 모은 자료들을 챙기며 말했다.

"법정에서 봅시다. 여기선 도무지 나 같은 천재의 말이 통하지 않는군. 흥!"

베게나는 지오디 박사를 지구법정에 고소했다.

지구 내부는 내핵, 외핵, 맨틀, 지각으로
구성되어 있습니다.
맨틀의 연약권이 움직여 대륙을 움직입니다.

옛날에는 모든 대륙이 붙어 있었다는
게 사실일까요?
지구법정에서 알아봅시다.

 재판을 시작하겠습니다. 피고 측 변론하

세요.

 현재 우리가 살고 있는 대륙은 각기 떨어

져서 5대륙을 형성하고 있습니다. 그리고 이 대륙들은 움직

이지 않고 그야말로 고정되어 있는 것입니다. 원고가 주장한

대로 옛날에 대륙이 붙어 있었다고 한다면 현재의 대륙을 만

들기 위해서는 대륙이 움직였다고 볼 수밖에 없습니다. 하지

만 지구를 장난감처럼 가지고 놀 수 있는 거인이 존재해서 대

륙을 퍼즐마냥 뗐다 붙였다 할 수 있는 것도 아니고, 더군다

나 땅이 스스로 움직일 수도 없으니 이는 말도 안 되는 억지

입니다.

 이제 원고 측 변론하세요.

 우리는 땅이 움직이는 것을 본 적이 없고 몸으로 느껴 본 적

이 거의 없으므로 당연히 땅이 움직이지 않고 그대로 붙어

있는 것이라고 생각합니다. 그러나 기술이 발달하면서 지구

가 어떻게 이루어져 있는지 밝혔고, 따라서 우리가 밟고 있

는 땅이 전부가 아니라는 것과 땅은 고정되어 있는 것이 아

니라 아주 조금씩이지만 움직이고 있다는 것을 알게 되었습니다. 지질연구소 수석 연구원 찔찔이 박사를 증인으로 요청합니다.

흙 때가 묻은 실험복을 입은 꼬질꼬질한 50대의 남자가
삶은 계란을 들고 증인석에 앉았다.

 지구는 어떻게 이루어져 있습니까?

지구는 크게 내핵, 외핵, 맨틀, 지각, 기권으로 나눌 수 있습니다. 달걀로 보면 노른자를 핵, 흰자를 맨틀, 껍데기를 지각이라고 보면 됩니다. 우리가 살고 있는 땅은 '지각' 부분이지요.

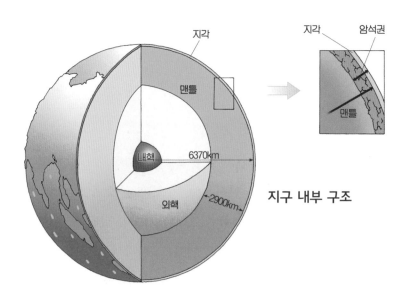

지구 내부 구조

지구의 어떤 구성 성분이 땅이 움직이는 것과 관련이 있는 것입니까?

지구 대부분을 구성하는 맨틀과 관련이 있습니다.

맨틀이 땅을 움직인다는 것입니까?

그렇습니다. 맨틀은 고체 부분과 암석의 일부가 녹아 물렁해진 고체 부분으로 나눌 수 있습니다. 여기서 물렁한 고체 부분을 '연약권'이라고 부릅니다. 이 연약권이 땅을 움직이는 것입니다.

연약권이 어떻게 이렇게 큰 땅을 움직인다는 거죠?

우리가 살고 있는 땅이 연약권 위에 떠 있다고 생각하면 됩니다. 즉 암석이 녹아서 흐르는 맨틀 위에 땅이 판자처럼 둥둥 떠다니는 것이라고 보면 됩니다.

맨틀의 흐름 때문에 땅이 움직일 수 있다는 것이군요. 그러면 대륙들이 서로 붙어 있었다는 것은 어떻게 알 수 있죠?

우선 남아메리카 대륙의 동쪽 해안선과 아프리카 서쪽 해안선이 딱 들어맞습니다. 그리고 아메리카와 아프리카, 유럽에서 똑같은 종류의 암석들이 발견되고 있습니다.

또 다른 증거들은 없나요?

옛날에 살았던 같은 종류의 생물 화석이 전 세계에 골고루 퍼져 있습니다.

생물들이 이동한 것이 아닐까요?

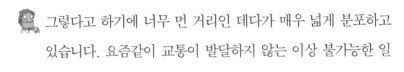 그렇다고 하기에 너무 먼 거리인 데다가 매우 넓게 분포하고 있습니다. 요즘같이 교통이 발달하지 않는 이상 불가능한 일이죠.

지구의 구성 성분 중 맨틀의 연약권 때문에 땅이 떠다니는 형태로 고정되어 있지 않고 움직일 수 있으며 해안선과 화석 등여러 가지 증거가 있으므로 먼 옛날 지구의 대륙들은 붙어 있었다는 사실을 인정해야 할 것입니다.

자, 이제 판결하겠습니다. 우리가 살고 있는 땅은 지구의 일부이며 지구의 구성 성분 중 맨틀의 연약권과 붙어 있습니다. 연약권은 암석의 일부가 녹아 흐르고 있으며 이것 때문에 땅을 움직이는 것입니다. 또 해안선이 우연의 일치라고 하기에는 믿기 어려울 정도로 꼭 맞는 점과 같은 종류의 암석과 화석이 전 세계에 골고루 퍼져 있는 것은 대륙이 붙어 있다 떨어지지 않는 이상 불가능한 일이므로, 베게나 박사의 연구가

 **대륙 이동설은 누가 주장했나요?**

대륙 이동설을 주장한 베게너는 독일 베를린에서 태어나 하이델베르크대학 베를린대학 등에서 공부하고, 그라츠대학의 지구물리학 교수가 되었습니다. 그는 청년 시절부터 자신의 대륙 이동설을 검증하기 위해 그린란드 탐험 조사 여행(1906~1908, 1912~1917, 1929)에 참가하였습니다. 1930년에는 탐험 대장이 되었으나, 그린란드의 빙원에서 행방불명되어 비극적인 최후를 맞았습니다. 그는 1912년 현재의 지구 표면의 형태에 관한 유명한 대륙 이동설을 발표하였는데, 그의 이 학설은 고자기학의 발전 등과도 관련되어 새롭게 재인식되고 있습니다. 주요 저서로는 《대륙과 대양의 기원》(1915)이 있습니다.

과학공화국
지구법정 5

  옳다고 선고하는 바입니다.

  판결 이후 지오디 박사는 회장직에서 물러났고 베게나 박사가
새로운 지구과학회장직을 맡게 되었다. 그리고 학회에서는 지구의
모든 대륙들이 붙어 있었다는 사실에 대해 더욱 활발한 연구가 이
루어졌다.

바다와 땅이 만들어진 시기

바다와 땅, 둘 중에 어떤 것이 먼저 생겼을까요?

과학공화국에는 수많은 학회가 있다. 학자들은 각자 자신의 전공에 따라 열심히 연구하고 필요할 땐 서로 도움을 주기도 한다. 그러나 도움을 주기는커녕 만날 때마다 으르렁 거리는 학회가 있었으니 옛날부터 앙숙이 된 땅 학회와 바다 학회이다. 그들은 이미지 관리상 공식적인 자리에선 사이좋은 모습을 연출한다.

"김 박사님, 요즘 서부 지방으로 가셔서 지질 조사를 하신다고요?"

"하하, 이 박사님도 그쪽에 해양 탐사선을 띄우셨다고 하던데,

만나면 알탕에 소주 한 잔 어떻습니까?"

"소주엔 알탕이 아니라 과일이 최고죠, 흠흠."

"자, 이것으로서 정기 모임을 마치겠습니다."

사회자가 공식적인 모임을 끝내는 말을 하자마자 두 사람은 잡담을 끝내고 인사도 하지 않은 채 바로 등을 돌렸다.

'쳇! 너 같은 인간하고 같이 마실 술이 아깝다.'

'흥! 지질 조사? 가서 고구마나 캐고 오라지.'

"잠시 안내 말씀 드리겠습니다. 땅 학회장 김대지 박사님과 바다 학회장 이대양 박사님 지금 회의실로 와 주십시오."

사회자의 안내 방송을 듣고 두 박사는 회의실로 갔다. 회의실에는 아직 김 박사와 이 박사 두 사람뿐이었다. 김 박사가 먼저 시비를 걸었다.

"오늘 의상은 바다 냄새가 풍기는 촌스런 블루톤이군요."

"김 박사 헤어스타일은 그게 뭡니까? 제비집을 머리에 이고 다니는군요. 빗질 좀 하고 다니세요."

"전 머리 빗고 다닐 시간에 책이라도 한 자 더 봅니다."

"허허허!"

두 사람은 깜짝 놀라 소리가 나는 쪽으로 고개를 돌렸다. 과학기술처장이 소리 내어 웃고 있었다.

"하하, 두 분 사이가 좋아 보이는군요. 농담도 스스럼없이 주고받으시는 걸 보면. 오늘 두 분을 이 자리에 부른 것은 말이죠……."

과학기술처장은 선뜻 말을 꺼내지 못했다. 그저 난감한 눈으로 두 사람을 번갈아 쳐다보았다.

"김 박사님, 이번에 지질 조사를 하러 가신다고요?"

"네, 저희로서는 아주 중요한 연구입니다."

"이 박사님도 대형 해양 탐사선을 띄우신다고 들었는데?"

"저번에 예산 부족으로 하지 못한 연구를 계속하기 위해서입니다."

과학기술처장은 목이 타는지 홍차를 한 모금 마셨다. 오랜 침묵 후 어렵게 그는 입을 열었다.

"안타까운 일입니다만 이번에 연구비가 조금밖에 안 나와서 두 학회 중 한쪽에만 연구비가 지원될 것 같습니다."

재빨리 말을 마친 그는 두 박사의 눈치를 살폈다.

"다행히 두 분 사이가 좋아 보여서 연구비를 둘러싸고 싸움 같은 건 일어날 것 같지 않군요. 두 분이 잘 상의하셔서 결정하시기 바랍니다. 그럼 전 이만."

쾅! 과학기술처장은 서둘러 회의실을 문을 닫고 나갔다.

"휴, 난 소심해서 남에게 어려운 부탁은 잘 못한단 말이야. 김기사, 운전해 어서! 빨리 집으로 가자고. 나머지 문제는 두 사람이 알아서 하겠지 뭐."

회의실에는 침묵만 감돌았다. 두 사람은 등을 돌린 채 선뜻 말을 꺼내지 못하고 있었다. 그러다 이 박사가 조심스레 말을 꺼냈다.

"뭐, 우리 둘 다 중요한 연구를 하고 있지만, 이렇게 정하는 게 어떻습니까?"

"어떻게요?"

"원래 지구에는 바다가 먼저 생겼으므로 우리 바다 학회가 먼저 지원을 받는 것이 어떻겠습니까? 에…… 그만큼 바다가 중요하니까 말이죠."

"무슨 소리야? 지구에는 땅이 먼저 생겼다고요!"

"바다가 먼저라니깐!"

"왜 반말이야? 연구비를 떠나서 이건 중요한 문제야. 지구는 땅이 바다보다 먼저 생겼어!"

"바닷물이 말라서 땅이 생긴 거야. 책 좀 읽고 다니셔."

"안 되겠어. 법정으로 갑시다. 누구 말이 맞는지 확인해 보자고."

"좋소. 당신이 이기면 내가 연구비도 양보하고 앞으로 당신을 형님으로 모시겠소."

"흥!"

화산 폭발 때 함께 나온 수증기가 두꺼운 구름층을
형성했다가 지구의 온도가 내려가면서 비가 되어 내렸습니다.
그리고 많은 양의 빗물이 낮은 곳으로 흘러들어
바다를 이루었습니다.

바다가 먼저 생겼을까요? 땅이 먼저
생겼을까요?
지구법정에서 알아봅시다.

 피고 측 변론하세요.

 지구와 가장 가까운 달에는 땅만 있습니

다. 여기에 지구의 바다처럼 만들려면 얼

마큼의 물을 채워야 하는 것입니까? 상상할 수 없는 양입니

다. 그리고 그 상상할 수 없는 양의 물은 어디서 가지고 와야

하는 겁니까? 따라서 원래 지구는 물로만 가득 차 있다 말라

서 우리가 살고 있는 땅이 된 것이라 생각합니다.

 원고 측 변론하세요.

 물을 담으려면 그릇이 있어야 합니다. 바다를 담으려면 땅이

있어야 할 것이고, 따라서 땅이 먼저 생겨야 할 것입니다. 천

체과학 연구소장 행성인 박사를 증인으로 요청합니다.

휴대용 망원경을 든 50대 남자가 증인석에 앉았다.

 갓 생긴 지구는 어떤 모습이었습니까?

 무수한 운석들과 충돌하여 매우 뜨거운 불덩어리 상태였을

것으로 생각하고 있습니다.

불덩어리였다면 물이 존재하기 힘들었겠군요.

그렇습니다. 그때는 지금과 같은 액체 상태의 물은 존재할 수 없었지요.

그러면 지금의 물은 어디서 나온 것이지요?

가장 믿음이 가는 추측은 화산 활동에 의해서 물이 생겨났다는 것입니다.

화산은 용암 분출만 되지 않나요? 잘 이해가 가지 않는군요.

화산이 폭발할 때는 용암뿐만 아니라 수증기, 가스 등 여러 가지 물질이 한꺼번에 나옵니다.

그렇군요. 계속 설명해 주시죠.

약 45~46억 년 전 지구가 탄생한 이후 지구 내부의 물질들 속에 있던 물이 화산 활동 때 용암과 같이 밖으로 나왔습니다.

그때 나온 물들은 어떻게 되었지요?

일부는 낮은 곳으로 흘러가 모이고 나머지 많은 양은 뜨거운 수증기가 되어 하늘로 올라갔습니다.

그러면 수증기들은 어떤 형태로 있었나요?

아주 두꺼운 구름층을 형성하고 있었습니다.

두꺼운 구름층을 형성한 상태로 지속되었나요?

아닙니다. 약 38억 년 전부터 운석 충돌 횟수가 줄어들면서 지구는 차츰 차가워졌고 구름의 수증기는 비가 되어 내리기 시작했습니다.

 그 비들이 지금의 바다가 된 것이군요.

 그렇다고 보면 됩니다. 비가 되어 내린 많은 양의 물이 지구의 낮은 곳에 모여 바다가 된 것입니다.

 존경하는 재판장님, 많은 양의 물은 지구가 만들어지면서 있었습니다. 하지만 그것은 지구가 워낙에 뜨거워서 수증기 상태로 하늘에 구름의 형태로 있다가 지구가 차가워지면서 비가 되어 내린 것입니다. 그리고 그것이 고여 바다가 되었다고 생각합니다.

 갓 태어난 지구는 많은 운석들과 충돌하여 뜨거운 불덩이였으며, 따라서 지금과 같은 바다가 존재하기 어려웠을 것입니다. 지구 내부에 있던 많은 양의 물은 화산 활동에 의해 밖으로 나와 수증기가 되었지만 운석 충돌이 줄어들어 지구가 차

 ## 지구가 탄생하게 된 초기의 모습

약 46억 년 전, 갓 태어난 태양 가까이 한 귀퉁이에 모여 있던 먼지와 가스가 조금씩 뭉치더니 지름이 수킬로미터에 이르는 덩어리가 되어 새로운 행성의 씨앗이 만들어졌습니다. 그리고 이 씨앗은 서로 부딪치며 더 큰 덩어리로 뭉쳐지고 주변의 물질을 끌어들여 아기 행성의 모습을 갖추었습니다. 바로 이렇게 지구가 형성되었습니다. 원시 지구는 성운에서 만들어진 미행성체가 서로 충돌하여 형성되었는데, 전체적으로 고온이었을 것이라 생각됩니다. 주위에 대량의 기체가 둘러싸고 있었기 때문에 이 기체의 온실 효과에 의해 고온이 유지되었던 것입니다. 그 후 지구는 점점 식어 가고, 수증기가 자외선에 의해 분해되어 대기 중의 산소가 증가했습니다. 또한 수증기는 액화되어 강수 현상이 일어나기 시작했고, 지구 표면의 분지와 같은 낮은 곳에 물이 고이게 되었습니다. 이 낮은 장소는 지각 중에서 밀도가 큰 부분에 생겼으며, 이와 같이 대규모의 물이 고이게 된 곳은 원시 해양이라고 추측됩니다.

가워지기 시작하면서 비가 되어 내렸습니다. 그것들이 지구의 낮은 곳으로 이동하여 모여들었고 바다가 되었습니다. 따라서 바다보다 땅이 먼저 생겼다고 판결합니다.

판결 후 정부 지원 연구비는 땅 학회로 가게 되었고 바다 학회의 이 박사는 한동안 고개를 들고 다니지 못하였다. 그러나 땅 학회가 공동 연구를 제안하였고, 두 학회는 해양 지질에 대해 서로 협력하며 연구하였다.

동물과 식물의 탄생 시기

동물과 식물 중 누가 먼저 생겼을까요?

사건속으로

"밖에서 뛰노는 저 강아지 좀 봐. 정말 귀여워."

"화단에 핀 빨간 꽃 정말 예쁘군."

"어서 밥이나 먹지."

동물 학회 연구원 애니멀과 식물 학회 연구원 플랜티는 어려서 부터 같이 자란 친구다. 가끔 티격태격 싸우기도 하지만 금세 화해 하고 사이좋게 지내는 죽마고우이다. 그런 그들의 우정을 사람들 은 부러움이 가득한 시선으로 바라보곤 한다.

"정말 맛있게 먹었네. 저 강아지는 아직도 뛰어놀고 있군. 볼수 록 귀엽다니깐."

"누가 동물 박사 아니랄까 봐 강아지밖에 안 보여? 내 눈엔 저 빨간 꽃들이 훨씬 예쁜데."

레스토랑의 한쪽 벽면이 통유리로 된, 바깥이 훤히 보이는 전망 좋은 곳에서 식사를 한 그들은 후식으로 나오는 차를 마시며 담소를 나누고 있었다.

"푹, 콜록콜록!"

"아니 왜 그래? 커피가 뜨거워?"

"저…… 저것 좀 봐."

플랜티는 흥분을 감추지 못하며 손가락으로 밖을 가리켰다.

"어딜 보라는 거야? 무슨 일인데?"

"저 나쁜 강아지가 안 보여? 화단을 엉망으로 만들고 있잖아. 맙소사! 저 사랑스러운 꽃들을 물어뜯고 있어. 꽃이 얼마나 아플까!"

"난 또 큰 문제라고. 별것 아니네."

"다시 한번 말해 봐."

"강아지가 풀 좀 뜯으면 어때? 그리고 식물이 아파하다니 그게 말이 돼? 식물 같은 하등 생물체는 감정이 없어."

"개 풀 뜯어 먹는 소리하고 있네."

플랜티의 얼굴이 달아올랐고 숨이 거칠어졌다.

"하등 생물체? 너 이 지구상에 식물이 동물보다 먼저 생긴 거 모르니?"

"하하하, 오늘 내가 들은 농담 중에 가장 웃긴 농담이군."

두 사람의 언성이 높아지자 식사를 하던 손님들 모두가 그들을 바라보며 수군댔다.

"손님들, 진정하십시오."

레스토랑의 지배인이 한걸음에 그들 쪽으로 다가갔다.

"지배인님, 지구상에 식물이 먼저 생겼나요, 아님 동물이 먼저 생겼나요?"

".……"

지배인은 아무 대꾸도 못한 채 멍한 얼굴로 그 자리에 서 있다가 이윽고 호주머니에서 손수건을 꺼내 이마에 흐르는 땀을 닦았다.

"전 레스토랑에서 일만 한지라 그런 부분은 잘 모릅니다. 죄송합니다. 하지만 식물이 먼저든 동물이 먼저든 저희 레스토랑의 요리는 모두 맛이 좋답니다. 허허허."

애니멀과 플랜티의 싸늘한 시선을 느낀 지배인은 움찔하며 웃음을 멈췄다.

"두 분 다 여기서 언성을 높일 게 아니라 지구법정으로 가 보시죠. 거기에 가면 두 분 중에 어느 분의 말이 맞는지 알게 될 겁니다."

애니멀과 플랜티는 음식 값을 각자 계산하고 눈도 마주치지 않고 나왔다. 그들은 곧바로 지구법정으로 갔고, 지배인도 이 논쟁의 결말이 궁금해서 몰래 그들을 따라갔다.

동물이 살아가기 위해서는 산소와 영양분이 필요합니다.
산소는 식물의 광합성 활동을 통해 만들어집니다.
또한 식물은 초식 동물의 먹이가 되고
초식 동물은 육식 동물의 먹이가 됩니다.

과학공화국
지구법정 5

여기는 **지구법정**

지구상에는 동물이 먼저 나타났을까
요? 식물이 먼저 나타났을까요?
지구법정에서 알아봅시다.

 재판을 시작합니다. 피고 측 변론하세요.

 식물은 움직이지도 못하고 감정 표현도

못하는 생물입니다. 또 식물은 보살펴 주

지 않으면 살 수 없는 생물입니다. 원예 전문가 부티풀 씨를

증인으로 요청합니다.

한쪽 귀에 꽃을 꽂고 화분을 든 부티풀 씨가 증인석에

앉았다.

 평소 하시는 일은 무엇인가요?

 사랑스러운 내 식물들이 더 잘 자랄 수 있게 가꾸는 일을 하

고 있습니다.

 만일 식물이 시들해지면 그건 무엇 때문입니까?

 그야 물을 주지 않았다든가 흙의 영양분이 부족해서겠죠. 그

럴 때는 물을 주거나 영양분을 넣어 주면 잘 자랍니다.

 존경하는 재판장님, 이와 같이 식물은 보살핌 없이는 자랄 수

없는 생물입니다. 따라서 동물보다 먼저 식물이 나왔다면 식

물은 절대 살 수 없었을 것입니다. 그러므로 식물보다 동물이 먼저 나왔다고 주장하는 바입니다.

 원고 측 변론하세요.

 아무리 식물이 움직이지 못하고 표현하지 않는다고 해서 결코 무생물이라고 말할 수 없습니다. 그리고 그들 스스로 영양분을 만들어 내며 또 동물에게 꼭 필요한 산소도 만들어 냅니다.

 이의 있습니다. 식물이 무슨 마법을 부리는 것도 아니고 무슨 영양분과 산소를 만들어 낸다는 겁니까?

 피고 측 변호사, 식물에 대해서 더 자세히 공부하고 끼어들든가 하세요. 어떻게 변호사가 된 건지 원…… 원고 측 계속하세요.

 먹이사슬에서 초식 동물은 식물을 먹고 살고 육식 동물은 초식 동물을 먹고 삽니다. 이는 즉 식물이 있어야 동물이 살 수 있다는 것인데, 여기서 식물이 먼저 나왔는가에 대한 생각을 하게 됩니다. 이에 대한 궁금증을 풀어 주실 고생물 전문가 왕안경 박사를 증인으로 요청합니다.

얼굴의 반을 가릴 정도로 큰 안경을 쓴 왕안경 박사가 증인석에 앉았다.

 최초의 생물이 나타난 때가 언제쯤인가요?

 원시 바다가 생성되고 대략 34억 년 전에 최초의 생명체가 바다에서 출현했다고 보고 있습니다.

 그러면 그 생물은 식물인가요? 동물인가요?

 어느 쪽이라고 보기는 힘듭니다. 왜냐하면 세포가 하나밖에 없는 단세포 생물이었거든요.

 그러면 많은 생물들은 언제 나타난 것이죠?

 약 6억 년 전인 고생대부터입니다. 그때부터 기후가 온난해지면서 많은 생물들이 바다에서 자랐습니다.

 바다에서 자란 생물들이 육지로 올라온 것은 언제입니까?

 고생대부터입니다.

 동물들이 살기 위해서는 산소가 필요한데, 원시 지구에는 산소가 있었나요?

 아닙니다. 원시 지구에는 산소가 없었지만 식물이 산소를 생성하고 그 산소를 동물이 이용해서 살았다고 봅니다.

 이와 같이 동물이 살기 위해서는 산소가 필요하지만 원시 지구에는 산소가 없었기 때문에 동물이 살 수 없는 환경이었을 것입니다. 따라서 식물이 먼저 나타나 산소를 만들고 그 산소

생명 기원설

생명의 기원에 대한 가장 널리 인정받고 있는 설은 지구의 원시 생명이 유기물의 진화로 일어났다는 것으로 러시아의 오파린이 처음 주장했습니다. 오파린은 원시 지구는 생명이 없는 물질의 세계였는데 이 물질들이 화학 변화를 하여 유기 물질이 만들어지고 이들이 생명으로 진화되었다고 주장했습니다.

로 동물이 살았을 것입니다.

 식물이 먼저냐 동물이 먼저냐 하는 문제는, 달걀이 먼저냐 닭이 먼저냐 하는 문제와 같이 해결하기 어려운 문제일 수 있으나 식물이 영양분과 산소를 낸다는 점과 동물이 식물을 먹고 산다는 것, 그리고 무엇보다도 동물은 산소 없이는 못 산다는 점을 생각하면 해결할 수 있습니다. 산소가 없는 원시 지구에서 동물이 살 수 있는 방법은 식물이 이미 만들어 놓은 산소를 이용하는 것밖에 없었습니다. 따라서 식물이 먼저 생기고 그 후에 동물이 생긴 것이 맞습니다.

판결 후 플랜티는 자신의 말이 사실임을 증명하게 되었다. 애니멀은 플랜티에게 식물을 하등 생물체라고 한 것에 대해 사과하였다. 그리고 둘은 화해하여 예전처럼 사이좋게 지냈다.

산맥을 형성하는 지각 변동

히말라야 산맥은 어떻게 생겨난 걸까요?

"청추우운을~ 돌려다오~."

"조니! 당장 음악 꺼."

에레스트의 성난 목소리에 놀란 조니는 급히 정지 버튼을 눌렀다.

"으이그, 교수님 저 노래 제일 싫어하시잖아. 그것도 몰랐냐?"

"왜 그러신데?"

"우리 교수님이 원래 히말라야 산맥을 연구하시는 데 청춘을 다 바치셨잖아."

에레스트 교수 밑에서 조교로 있는 샘이 조니에게 슬쩍 귀띔해 주었다. 조니는 또 에레스트의 신경을 거스르는 짓을 할까 봐 연구실을 조용히 나갔다. 혼자 남은 에레스트는 각종 자료들을 뒤적거리며 머리를 쥐어뜯었다.

"조니! 조니!"

연구실 밖에서 바람을 쐬고 있던 조니는 에레스트 교수의 목소리를 듣고 황급히 뛰어갔다.

"네, 무슨 일이십니까?"

"이 사진을 봐. 히말라야 산맥과 같은 이렇게 거대한 산맥은 어떻게 생성된 것일까?"

"뭐…… 그렇게 거대한 산맥은 조물주가 만드신 게 아닐까요……?"

조니는 힐끔 에레스트의 눈치를 살폈다. 에레스트는 온 연구실이 들썩일 정도로 큰 소리로 말했다.

"과학자라는 사람이 한다는 소리가 고작 그건가. 자네, 당장 짐 싸! 히말라야로 갈 테니!"

연인과 함께 보내야 할 크리스마스이브 날, 조니는 울며 겨자 먹기로 짐을 싸고 매서운 눈보라가 몰아치는 히말라야로 에레스트와 함께 떠났다.

'즐거운 크리스마스이브 날 이게 뭐람. 그것도 꿈에서도 보기 싫은 교수님과 함께 추위에 떨며 이 고생을 하다니.'

"조니, 가설이지만 말이야, 나는 이런 거대한 산맥은 엄청난 충돌을 통해 이루어진 것 같아. 그러니까 지금의 인도가 과거에는 아시아에 붙어 있지 않았는데 아시아 대륙과 충돌하면서 히말라야 산맥이 만들어진 게 아닐까? 물론 몇 가지 증거도 있다고…… 난 이 연구를 위해 내 청춘을 다 바쳤어. 이번에야말로 반드시 밝혀내고야 말겠어."

"근데요, 교수님. 지금 너무 춥거든요. 일단 숙소로 가는 게 어떨까요?"

조니는 에레스트의 눈치를 살폈다. 에레스트도 뼛속까지 스며드는 추위에 못 이겨 발걸음을 돌렸다.

결국 연구실로 돌아온 에레스트는 자신의 증명되지 않은 가설을 논문으로 발표하기로 했다. 그것은 히말라야 산맥이 두 대륙의 충돌로 만들어졌다는 내용이었다.

그러나 지구 학회에서는 에레스트를 미치광이로 취급했다. 이에 격분한 에레스트는 지구 학회를 지구법정에 고소했다.

북쪽으로 올라오던 인도 대륙이
아시아 대륙과 충돌하면서
솟아오른 땅이 히말라야 산맥을 만들었습니다.

여기는 지구법정

대륙이 움직이고 있다는 게
사실일까요?
지구법정에서 알아봅시다.

 재판을 시작합니다. 먼저 피고 측 변론하

세요.

 히말라야 산맥은 세계의 지붕입니다. 히

말라야 산맥에는 8,000m가 넘는 봉우리가 여러 개 있지요.

물론 제일 높은 봉우리는 8,848m 높이의 에베레스트 산이에

요. 그런 거대한 산맥이 두 대륙의 충돌로 만들어졌다고요?

에레스트 박사는 아무런 증거도 없이 엉터리 가설로 국민들

을 현혹시키고 있습니다. 그러므로 그를 과학 사기죄로 처벌

해 주시길 부탁드립니다.

 원고 측 변론하세요.

 대륙이동연구소의 이동땅 박사를 증인으로 요청합니다.

빨간 나비넥타이 차림의 40대 땅딸보 아저씨가 증인

석으로 들어왔다.

 증인은 이번 사건에 대해 어떻게 생각하나요?

 대륙 이동설로 설명할 수 있습니다.

그럼 지구의 대륙들이 움직이고 있단 말인가요?

 물론입니다. 현재 지구상에서 호주와 남극을 제외한 5대 대륙은 상대적으로 이동하고 있습니다.

 그럼 정말 히말라야 산맥이 대륙 이동으로 만들어졌단 말인가요?

 물론입니다. 지금으로부터 6천5백만 년 전인 백악기 말에는 마다가스카르섬이 아프리카 대륙에서 떨어져 나오고, 인도는 적도를 지나 위로 올라가고 있었습니다. 물론 처음 인도는 남반구에 있었지요. 그리고 호주는 남극 대륙에 붙어 있었습니다. 또한 북으로 이동하던 남·북아메리카 대륙들이 이동 방향을 바꾸어 서쪽과 서북쪽으로 이동하면서 점점 두 대륙이 가까워지기 시작했지요.

 그럼 히말라야 산맥은요?

 계속 북쪽으로 이동한 인도 대륙이 마침내 아시아 대륙과 충돌하면서 지구의 지붕인 히말라야 산맥을 형성했지요. 호주도 남극으로부터 떨어져 나왔고요. 또한 유럽과 붙어 있던 북아메리카 대륙은 떨어져 나가고 남·북아메리카가 연결되었지요.

 대륙들의 이동은 앞으로도 계속되나요?

물론입니다. 이와 같이 각 대륙의 이동이 계속된다면 앞으로 약 5천만 년 후에는 아프리카 동부는 대륙으로부터 분리되고

홍해는 더욱 넓어질 것이며 지중해는 더욱 좁아지게 될 것입니다. 그리고 미국의 캘리포니아 반도는 산안드레아스 단층을 따라 더욱 북상하고, 상대적인 이동 방향의 크기에 따라 북아메리카가 동쪽으로 밀려나면서 남·북아메리카가 다시 분리되지요. 또한 아시아에서는 인도가 계속 아시아 대륙을 밀어붙이면서 히말라야 산맥은 훨씬 더 높아져 세계지붕으로서의 위치를 더욱 굳건히 할 것이며, 호주는 점점 북으로 올라가 북반구로 올라오게 될 것입니다.

 우아! 그럼 세계 지도를 다시 그려야겠군요.

 그렇습니다.

 자, 이제 판결하겠습니다. 과학자들은 대단한 사람들입니다. 한치 앞도 못 내다보는 삶에서 어떻게 5천만 년 뒤의 지구의 모습을 그려 낼 수 있는지…… 증인의 말을 인정하여 에레스트 박사의 가설을 옳은 가설로 인정하겠습니다.

호상 열도와 습곡 산맥

호상 열도는 대륙판과 해양판의 경계부에서 밀도가 큰 해양판이 대륙판 밑으로 침강할 때 마찰열에 의해 만들어진 마그마가 분출해서 만들어진 화산섬을 말합니다. 즉 알류산, 일본, 유구열도와 같이 대양 쪽으로 불룩한 호를 그리면서 배열된 섬들을 말하며 도호라고도 합니다.

습곡 산맥은 두꺼운 퇴적층이 횡압력을 받아서 습곡·융기하여 생성된 산맥으로 습곡 산지라고도 합니다. 대부분의 습곡 산맥은 대륙판과 대륙판이 서로 충돌하는 곳에서 또는 해양판이 대륙판 밑으로 들어가는 곳 중 수심이 깊고 큰 규모의 해구 부근에서 형성됩니다. 대표적인 습곡 산맥으로는 히말라야, 알프스, 안데스 산맥 등을 꼽을 수 있습니다.

열점이란 무엇일까요?

열점과 하와이의 섬들은 어떤 관계일까요?

사건속으로

"오, 나의 사랑스런 베이비들. 오늘도 이 아빠가 예쁘게 닦아 줄게."

돌 수집이 취미인 이돌석 씨는 매일 아침 수집한 돌들을 닦는 것으로 하루를 시작하였다.

"여보, 돌 좀 그만 닦고 식사하세요."

"있어 봐. 이것만 좀 닦고."

"그러다 닳겠네. 그만 닦아요."

이돌석 씨의 아내는 화가 난 듯 천을 휙 낚아챘다. 그러자 이돌석 씨는 불같이 화를 냈다.

"돌에 곰팡이라도 슬면, 이끼라도 끼면 당신이 책임질 거야? 이건 이제 돈 주고도 구할 수 없는 소중한 것들이라고!"

"알았어요, 알았어. 내가 잘못했어요. 돌에게 쏟는 정성 반만이라도 우리한테 쏟으면 얼마나 좋아."

아내는 화가 난 듯 발로 쿵쿵대며 가 버렸다. 이돌석 씨는 그런 아내의 행동에도 별로 대수롭지 않다는 듯 열심히 돌 닦기만 계속했다. 이처럼 돌을 매우 좋아하는 이돌석 씨는 지금까지 수집한 돌만 해도 셀 수 없을 만큼 많았다. 하지만 사람의 욕심이란 끝이 없는지 신기한 돌을 더 수집하고 싶은 이돌석 씨의 욕심도 끝이 없었다.

"에, 안녕하신가? 새로운 돌 좀 구했나? 아직이라고? 알았네."

이돌석 씨는 돌을 파는 가게에 아직 새로운 돌이 들어오지 않았다는 사실을 듣고 시무룩해졌다. 요 며칠 새 새로운 종류의 돌을 수집하지 못했기 때문에 더 기분이 좋지 않았다.

"여보, 나 친구들이랑 하와이로 여행갈 거예요."

"하와이? 그쪽 돌은 아직 수집한 적이 없는데…… 여보, 신기한 돌이 있으면 그것 좀 구해다 주구려."

"또 돌 타령! 돌 같은 건 국내 반입 금지인 거 몰라요?"

"그런가? 거참, 사람들 쪼잔하게."

이돌석 씨는 혀를 끌끌 찼다. 그러나 왠지 하와이에는 진기한 돌이 많을 거라는 느낌이 들었다.

"네, '돌을 던지다' 입니다."

"나 이돌석인데, 하와이의 돌 좀 구할 수 없을까?"

"하와이요? 구해다 드릴 수는 있을 것 같은데 잘 모르겠네요."

"부탁 좀 하네. 내가 비싸더라도 꼭 살 테니."

"네, 일단 노력은 해 볼게요."

"고맙네. 이왕이면 하와이 주변 섬의 돌들도 좀 구해다 주구려."

이돌석 씨는 그 후 전화벨만 울리면 화장실에서도 후닥닥 나와 전화를 받을 정도로 매우 애타게 전화를 기다렸다. 그러나 판매상한테서는 전화가 오지 않았고 이돌석 씨는 점점 조바심이 났다.

"네, '돌을 던지다' 입니다."

"나 이돌석인데, 아직도 못 구했나?"

"아, 하와이와 인근 섬의 돌을 구해서 지금 배로 수송하고 있는 중입니다. 제가 전화 드린다는 것을 깜빡했군요."

"그런가? 고맙네, 고마워."

"하지만 어르신, 해외에서 어렵게 구한 거라 이번에는 돈을 좀 많이 주셔야겠습니다. 괜찮으시겠어요?"

"돈이라면 걱정 말아. 허허허! 어쨌든 물건이 도착하면 연락하게."

이돌석 씨는 신이 나서 아내가 하와이에서 가져온 꽃 목걸이를 하고 훌라춤을 추었다. 그로부터 약 일주일 후 돌이 도착했다는 전화를 받고 이돌석 씨는 부리나케 가게로 달려갔다.

"어르신 어서 오세요. 여기, 하와이에서 가져온 돌입니다."

과학공화국
지구법정 5

'돌을 던지다' 가게의 사기군 씨는 007 가방처럼 생긴 까만 가방을 꺼내 열려고 하였다.

"열지 말게. 집에 가서 내가 찬찬히 살펴볼 테야."

"그러시겠습니까? 주먹 반만 한 크기의 돌들로 하와이 인근 섬들의 돌까지 구해서 넣었습니다. 물론 돌마다 섬의 이름을 표시해 두었고요. 아마 매우 맘에 드실 겁니다."

이돌석 씨는 가방을 건네받은 뒤 마치 거대한 보석이 가방에 들은 듯 품속에 꼭 안고 집까지 조심조심 걸어갔다. 그리고 자신의 서재에 있는 금고 속에 넣어 두었다.

"귀중한 돌일수록 밤에 나 혼자 감상해야지. 흐흐, 생각할수록 즐겁구면."

이돌석 씨는 밤이 되기만을 기다렸다. 모두가 잠든 고요한 밤, 이돌석 씨는 혼자 서재에서 불을 켜고 조심스럽게 가방을 열었다.

"어렵게 구한 하와이 돌, 흐흐흐. 어? 이게 뭐야?"

가방 안에 있는 돌들은 전부 현무암밖에 없었다. 그러나 이돌석 씨는 희망을 버리지 않고 돋보기로 차근차근 돌을 관찰했다. 그러나 모두 다 같은 돌들이었다.

"어서 오세요, 어제 가져가신 돌들은 맘에 드셨습니까?"

이돌석 씨는 잔뜩 화가 난 얼굴로 007 가방을 내팽개쳤다. 그러자 안에 있던 돌들이 바닥에 흩어졌다.

"에고고, 어르신. 비싼 돌들을 이렇게……."

"비싼 돌? 이보게, 사기군 사장! 자네를 믿었는데 이런 식으로 하면 안 되지."

"무슨 말씀이신지?"

"하와이와 그 주변 섬에서 가져온 돌 맞나?"

"네, 분명 그런데 무슨 문제라도……?"

"당연히 문제가 있지! 여러 군데에서 가져온 돌들이라면 종류가 다 달라야지 어째 다 똑같은 현무암인가?"

"그건 잘 모르겠습니다. 하지만 분명……."

"누구 앞에서 거짓말이야! 분명 한곳에서만 수집해 와서 쪼갠 다음 여러 군데에서 가져왔다고 날 속인 게지. 나 너무 분해서 당신을 고소하겠네."

다음 날, 이돌석 씨는 사기군 사장을 지구법정에 고소하였다.

하와이 제도는 태평양판에 속해 있으며 판은 꾸준히
이동하고 있습니다. 그런데 하나의 열점이 화산 활동을
계속하고 있으므로 하와이섬 주변으로
여러 개의 화산섬이 생겨나는 것입니다.

여기는 지구법정

하와이 제도의 섬들은 어떻게
생겨난 것일까요?
지구법정에서 알아봅시다.

 판결을 시작하겠습니다. 원고 측 변론하

세요.

 같은 종류의 돌이라고 해도 어디에서 생겼

느냐에 따라 약간씩은 차이가 있을 것입니다. 그러나 이번 사

건은 돌들을 과학수사원에 의뢰한 결과 연령만 다르고 다 같

은 종류의 현무암이라는 분석 결과가 나왔습니다. 이는 하나

의 큰 현무암을 쪼개었다는 것으로밖에 생각할 수 없습니다.

따라서 사기군 씨는 이돌석 씨에게 사기를 친 것입니다.

 피고 측 변론하세요.

 하와이 제도는 다른 제도와는 달리 특이한 점이 있습니다. 지

질연구원 구질이 박사를 증인으로 요청합니다.

온갖 색의 흙들이 잔뜩 묻은 실험복을 입은 구질이

박사가 증인석에 앉았다.

 하와이는 어떻게 생긴 섬일까요?

 하와이는 쉽게 말해 화산섬입니다. 하와이 제도의 모든 섬들

도 다 화산섬이고요. 그러나 다른 화산섬과는 달리 매우 특이
한 점이 있습니다.

 어떤 특이한 점이 있나요?

 보통 화산섬들은 하나의 화산에 하나의 화산섬을 만들지만
하와이와 그 주변의 섬들은 모두 하나의 화산에서 만들어진
것입니다.

 이해가 되지 않는군요. 어떻게 그리 될 수 있죠?

 하와이 제도는 태평양판이라는 곳에 있습니다. 그런데 태평
양판 밑에는 열점이라는 것이 있지요. 그곳에서는 마그마가
나옵니다. 간단한 실험을 통해 설명해 드리죠.

구질이 박사는 흰 종이와 빨간 펜을 꺼내 종이에 빨간 펜으로 점
을 찍었다. 그리고 점을 찍을 때마다 종이를 왼쪽으로 움직였다.
그러자 빨간 점들이 나열되었다.

빨간 펜은 열점, 종이는 태평양판, 점은 섬들입니다. 태평양판은 이렇게 움직이는데 열점은 늘 한곳에 있습니다. 따라서 여러 개의 섬을 만들 수 있는 것입니다.

가장 오래된 섬은 가장 끝에 있는 섬이겠군요.

그렇습니다. 지금 이 종이에서는 가장 왼쪽에 있는 점이 가장 오래된 것이지요? 하와이 제도에서는 북서쪽 가장 끝에 있는 섬이 가장 오래된 섬입니다.

하와이 제도는 계속 섬을 만들고 있나요?

판이 움직이고 열점에서 계속 화산 활동을 하고 있는 이상 계속 새로운 섬을 만들 것입니다. 하와이 제도에서 남동쪽 끝에 있는 섬에서만 화산이 활동 중입니다. 그 섬 바로 밑에 열점이 있다는 것이지요.

하와이 제도의 섬들은 모두 같은 암석들로 이루어져 있을까요?

네, 같은 열점에서 같은 마그마로 만들어진 섬이니 모두 같은 암석으로 이루어져 있는 것입니다.

하와이 제도에서 또 무엇을 알 수 있나요?

섬의 방향에 따라 태평양판의 이동 방향을 알 수 있고 각 섬의 암석들의 연령을 측정하여 판의 이동 속도도 알 수 있습니다.

하와이 제도는 판의 이동과 열점에 의하여 생성된 섬들입니다. 판은 이동하지만 그 밑에 있는 열점은 움직이지 않기 때문에 계속 새로운 섬을 만드는 것입니다.

과학공화국
지구법정 5

 하와이 제도는 많은 섬들로 이루어져 있지만 그들은 모두 같은 열점에서 나온 마그마로 만들어진 것입니다. 따라서 섬들을 이루는 현무암은 연령만 다를 뿐 다 같은 구성일 수밖에 없습니다. 과학수사원의 조사 결과 연령들이 다 다르다고 했으므로 하와이 제도에서 각각 채취한 현무암입니다.

판결 후, 이돌석 씨는 사기군 씨에게 정중하게 사과하였다. 그리고 이돌석 씨는 여전히 돌 모으는 취미를 버리지 못하고 계속 희귀한 돌들을 모으려고 노력했다.

 하와이

하와이는 미국의 50개 주 가운데 하나이며, 주도는 호놀룰루입니다. 북태평양의 동쪽에 있는 하와이 제도(별칭 샌드위치 제도)로 구성됩니다. 하와이 제도는 니하우 · 카우아이 · 오아후 · 몰로카이 · 라나이 · 마우이 · 카호올라웨 · 하와이 등 8개 섬과 100개가 넘는 작은 섬들이 북서쪽에서 남동쪽으로 완만한 호를 그리면서 600km에 걸쳐 이어져 있습니다.
그들 섬 사이에는 카울라카히 · 카우아이 · 카이위 · 칼로히 · 파일롤로 · 아우아우 · 케알라이카히키 · 아랄라가이키 · 알레누이하하 등의 해협이 있습니다. 최대의 섬은 하와이섬이며 주민의 대부분은 오아후섬에 살고 있습니다. 모든 섬은 화산섬이고 대체로 남서쪽으로 갈수록 화산 형성의 시기가 늦습니다. 남동쪽의 하와이섬에는 아스피테형 활화산인 마우나로아(4,171m) · 킬라우에아(1,222m) 화산이 있고, 북서쪽의 카우아이섬의 카와이키니 화산은 침식이 몹시 진척되어 와이메아캐니언 등의 대협곡이 있습니다.
하와이의 기후는 전역이 열대에 속하여 미국에서 가장 열대성이 강한 지역입니다. 또한 하와이 제도는 산이 많고, 또 북동무역풍을 받기 때문에 바람받이인 북동쪽은 강수량이 대단히 많습니다.

판 구조론과 초대륙 판게아

우리는 지구의 껍데기라 할 수 있는 지각 위에 살고 있습니다. 그 지각은 판의 형태로서 그 아래에 있는 맨틀 위에 떠 있으며, 맨틀이 대류 운동을 함에 따라 그 판도 움직입니다. 이것을 판 구조론이라고 합니다.

판 구조론에 의하면 지구상의 대륙은 조금씩 끊임없이 이동하고 있습니다. 오랜 세월에 걸쳐 서로 붙었다 떨어졌다 해 왔던 것입니다. 지금은 지구상의 대륙이 6개로 나뉘어 있지만 약 2억 5천만 년 전에는 그 대륙들이 하나의 거대한 초대륙을 형성하고 있었을 것이라 합니다. 그것이 바로 판게아입니다.

판게아는 맨틀의 대류로 인해 기존에 흩어져 있던 대륙 간의 판들이 침강하고 충돌함으로써 생겨났다고 합니다. 하지만 판게아는 초대륙을 이룬 뒤 맨틀의 상승 작용으로 인해 다시 갈라지기 시작하였습니다. 이어 1억 5,500만 년 전에 이르러서는 판의 이동과 더불어 본격적으로 분열이 일어나게 되었는데, 시간이 흐름에 따라 대륙은 점점 더 멀어져 나가 오늘날과 같은 대륙과 해양의 분포를 이루게 된 것입니다. 이처럼 오늘날의 대륙 분포는 판게아가 분열함으로써 형성된 것과 마찬가지로, 판게아를 이루었던 여러 대륙들도 그 이전에 또 하나의 초대륙으로부터 분열되어 나왔던 것이 아닐까 생각할 수 있습니다.

판게아 이전의 초대륙은 지금으로부터 13억 5천 년 전에서 9억 년 전 사이(원생대에 해당됨)에 형성되었을 것으로 생각되고 있습니다. 이 초대륙을 로디니아라고 합니다. 그 로디니아는 이미 존재하고 있었던 두 대륙 '아틀란티카'와 '네다'의 충돌로 형성되었다는 것입니다.

그 로디니아도 판게아처럼 초대륙을 형성한 뒤 8억 년 전에 이르러서는 다시 대륙 지각이 갈라지기 시작하였다고 합니다. 그 같은 초대륙 분열의 원동력으로는 대륙 아래에 있던 맨틀의 용승 작용이었을 것으로 생각되고 있습니다. 즉 맨틀이 상승하여 그 위쪽에 있던 지각을 양쪽 옆으로 밀어 이동시킴으로써 분열이 시작되었을 것이라 보는 것입니다.

그리고 시간이 흘러 6억 년~5억 3천만 년 전에 이르면 로디니아는 본격적인 분열을 일으켜 여러 대륙으로 나뉘고, 이아페투스라는 큰 바다가 열렸다고 합니다. 그들 대륙이 2억 5천만 년 전에 이르러 판게아라는 초대륙을 형성했을지도 모릅니다.

한편 이 시기의 로디니아의 분열은 전 지구를 완전 동결시켰다는 연구 성과도 최근에 나와 학계의 주목을 끌고 있습니다.

이 설에 따르면 로디니아 대륙이 분열하자 바다와 접하는 해안의 수가 늘어남에 따라 거기에 흘러드는 하천의 수도 증가하였다고 합니다. 이로 인해 대륙 암석의 성분인 칼슘 이온이 침식·운반 작용에 의해 바다로 대량으로 흘러 들어가게 되었습니다. 그 칼슘 이온이 이산화탄소와 결합하여 바다 속으로 대량으로 스며들게 됨으로써, 대기 중의 이산화탄소 농도도 낮아지게 되었습니다. 이로 인해 온실 효과가 약화되어 마침내 보온 효과가 낮은 지역부터 눈이나 얼음이 전 지구를 뒤덮기 시작하였다는 것입니다. 이것을 '전 지구 동결설'이라고 합니다. 요컨대 로디니아 대륙의 분열이 약 6억 년 전에 전 지구의 동결을 일으킨 원인이 되었다는 것입니다.

결국 지금의 대륙과 해양의 분포는 판게아가 분열한 대륙으로부터 시작되었고, 그 판게아는 다시 로디니아가 분열한 대륙들의 충돌로 인해 형성된 것입니다. 그렇다면 그 로디니아 이전에는 어떤 초대륙이 있었을까 궁금해집니다.

확실한 것은 아직 밝혀져 있지 않지만, 지구에서는 지각을 이루는 판이 해령에서 생성되고 맨틀의 대류를 따라 이동하여 다른 판과 충돌하거나 해구에서 침강하여 맨틀로 되돌아가는 일을 끊임없이 되풀이해 왔습니다. 이것을 염두에 두면, 앞서 로디니아를 형성하였다고 언급한 아틀란티카나 네다 대륙도 다른 작은 대륙들이 합쳐진 것이거나, 아니면 로디니아 이전의 초대륙으로부터 분열된 것이라고 추측해 볼 수 있습니다.

요컨대 지구에서는 판의 충돌과 침강으로 인해 그 위의 여러 대륙이 충돌과 분열을 되풀이함으로써 초대륙의 탄생과 소멸을 거듭한다고 생각됩니다.

조륙 운동

우리나라 남해안의 지도를 보면 해안선이 꽤 꾸불꾸불하고 섬도 매우 많다는 것을 알 수 있습니다. 이런 해안을 리아스식 해안이라고 합니다. 스페인 북서부 비스케이만에는 이와 같은 해안이 많은데, 이 지방에서 이렇게 굴곡이 심한 것을 리아(rias)라고 부르는 것에 연유하여 굴곡이 심한 해안을 리아스식 해안이라고 부르게된 것입니다. 우리나라의 서해와 남해는 리아스식 해안입니다.

왜 이런 해안이 나타날까요? 그것은 땅이 바다 밑으로 가라앉았기 때문입니다. 바닷가에 가까이 있는 섬은 원래 육지랑 붙어 있는 산이었는데, 육지와 산 사이의 땅이 내려앉고 거기에 바닷물이 들어오면서 산이 섬으로 된 것입니다.

반대로 바다에 있던 땅이 위로 솟아올라 육지가 될 수도 있습니다. 땅이 내려앉는 걸 침강이라고 하고 땅이 올라오는 것을 융기라고 부릅니다. 그리고 침강과 융기를 합쳐서 조륙 운동이라고 합니다.

동해안은 섬도 별로 없고 해안선이 단순합니다. 그곳은 바다 속 땅이 융기하여 육지를 이루었기 때문에 그런 것입니다.

실제로 바다 속의 땅이 위로 솟아올랐다는 증거가 있을까요?

노르웨이, 스웨덴이 있는 스칸디나비아 반도는 100년에 1m씩 땅이 올라가고 있습니다. 그럼 천 년 후엔 10m의 땅이 생기겠지요? 천 년 후에는 아마 스웨덴이나 노르웨이 땅이 더 넓어져서 지도를 다시 그려야 할지도 모릅니다.

이제 스칸디나비아 반도가 융기하는 원인을 알아볼까요?

나무토막을 물 위에 띄우고 그 위에 얼음을 놓아 봅시다. 얼음이 녹으니까 나무토막이 올라가지요? 나무토막을 스칸디나비아 반도라고 해 봅시다. 그곳은 추운 곳이라 얼음이 많지요. 그러니까 스칸디나비아 반도의 융기는 얼음이 녹기 때문에 일어나는 것이지요. 지구가 점점 더워지므로 빙산들이 녹아서 반도가 위로 융기되는 것입니다.

제2장

지진과 화산에 관한 사전

지진 예보 – 지진에 민감한 동물들

지진의 규모 – 리히터 규모란 무엇일까요?

화산의 종류 – 휴화산은 언제 터질지 몰라요

특이한 화산 – 구멍산은 화산일까요?

화산 지역 – 지열 에너지 이용법

화산 주위의 암석 – 마사지에 이용되는 돌

지진에 민감한 동물들

동물들은 어떻게 지진이 일어날 것을 사람보다 먼저 알까요?

과학공화국 동부에 위치한 진동시는 지진이 자주 일어나는 지역이다. 정부는 지진이 일어나면 시민들이 미리 대피할 수 있도록 이 도시를 위한 지진 조기 경보팀을 만들어 파견하였다.

"안녕하세요, 지진이 팀장님. 모시게 되어 영광입니다."

"잘 부탁드려요."

"우선 이 자료를 보시죠. 가장 최근에 일어난 지진이 리히터 규모 3으로서⋯⋯."

"잠깐만요. 무슨 히터? 이 여름에 히터를 왜 틀어요?"

"네?"

"그만 나가 봐요. 난 우선 이 지역을 둘러봐야겠으니."

지진이는 핸드백을 챙겨 차를 몰고 나가 버렸다.

"이번에 새로 온 팀장님 말이야, 지진에 대해서는 하나도 모르는 것 같아."

"그러게. 든든한 백이 있어서 팀장으로 발령 났다는 소문이 무성해."

지진이는 사람들의 시선과 수군거림에도 아랑곳하지 않고 일은 뒷전으로 미루고 인터넷 쇼핑과 화장을 하는 데만 시간을 보냈다. 지진계는 고장 난 지 오래였고 팀장이란 사람이 일을 안 하니 부하 직원들도 빈둥거리기 시작했다.

따르릉!

창가에 앉아서 꾸벅꾸벅 졸고 있던 지진이는 전화벨 소리에 깜짝 놀라며 잠에서 깼다.

"하암, 지진 조기 경보팀장 지진이입니다."

"여보세요? 아, 수고하십니다. 지금 쥐들이 사방에서 뛰어다니고 있는데 아무래도 이게 지진이 일어날 조짐이 아닌가 싶어서요. 전에도 지진이 일어나기 전에 쥐들이 도망갔거든요."

"네? 쥐라고요? 쥐가 뛰어다니면 쥐덫을 사서 놓아야죠. 여긴 쥐를 잡아 줄 만큼 한가한 곳이 아니라고요. 그럼 바빠서 이만."

신경질적으로 전화를 끊은 지진이는 자다가 입가에 흘린 침을 닦았다.

따르릉!

"아이참, 늘 조용하던 전화기가 오늘따라 왜 이리 울리는 거야!"

지진이는 짜증을 내며 수화기를 들었다.

"네? 아 글쎄 여긴 쥐를 잡아 주는 곳이 아니라고요. 다른 곳으로 전화하세요."

쾅! 전화기가 부서질 정도로 세게 수화기를 내려놓은 지진이는 도대체 무슨 일이 일어나는지 궁금해서 밖으로 나가 보았다.

"꺄아악!"

쥐들이 떼를 지어 도망가는 것을 본 지진이는 너무나 놀라서 비명을 질렀다.

"어휴, 끔찍해. 이 동네는 쥐들이 왜 이리 많아. 정말 불결해."

"지진이 일어났다. 어서 도망가세요!"

"엄마야!"

시민들은 겁에 질려 갑자기 우왕좌왕하기 시작했다. 땅이 흔들리고 건물에 조금씩 금이 가면서 진동 시는 순식간에 아비규환이 되었다. 다행히도 지진은 금방 멈췄으며 지진의 강도가 약해 피해 규모도 적었다. 하지만 시민들은 지진이 일어난 순간까지 아무런 조치도 취하지 않았던 지진 조기 경보팀의 팀장 지진이를 지구법정에 고소했다.

동물들은 지진이 시작될 때 나타나는 미세한 진동이나 작은 균열에서 나는 소리를 민감하게 들을 수 있습니다.

동물들도 지진을 느낄 수 있을까요?
지구법정에서 알아봅시다.

 피고 측, 변론하세요.

 지진은 지진이 났을 때 알 수 있습니다.
그것도 주위의 사물이 흔들리거나 몸이
흔들릴 정도로 다소 큰 규모일 때에나 느낄 수 있죠. 그렇기
때문에 지진이 일어날 것을 사전에 예측하려면 지진계 등의
기계적인 도움을 받아야만 합니다. 하지만 지진계가 고장 난
상태에서 지진을 예측하기란 불가능합니다. 따라서 피고인
지진이는 죄가 없다고 주장하는 바입니다.

 원고 측, 변론하세요.

 우리 조상들은 지진의 조짐을 보고 지진을 예측하였습니다.
특히 주위 동물들의 움직임을 잘 관찰하였습니다. 동물들은
지진에 민감하기 때문이죠.

 이의 있습니다. 어떻게 사람보다 하등한 동물이 지진을 느낄
수 있다는 것입니까?

 아직 원고 측 변론이 끝나지 않은 것 같은데 끝까지 들어 보
고 이의를 제기해도 늦지 않을 것 같군요. 원고 측, 계속하
세요.

의심 많은 피고 측 변호사를 위해 설명해 주실 에미널대학 수의학과 피굴렛 교수님을 증인으로 요청합니다.

코가 약간 들리고 뚱뚱한 피굴렛 교수가 증인석에 앉았다.

지진이 일어날 것을 동물들은 사전에 알 수 있습니까?

네, 그렇습니다. 동물들은 큰 지진이 일어나기 전에 불안해합니다.

어떻게 지진이 일어날 것을 예측할 수 있죠?

정확히 말하면 지진이 일어날 것을 예측하는 게 아니라 이미 지진이 시작되었을 때 나타난 미세한 진동을 느끼거나 작은 균열에서 나는 소리를 들은 것입니다.

진동시에서 지진이 나기 전 쥐들이 사방에서 뛰어다닌 것도 이미 지진이 일어났기 때문이겠군요?

그럴 겁니다. 쥐는 미세한 진동을 잘 느끼는 동물 중 하나이니까요.

쥐 이외에 진동을 잘 느끼는 동물은 어떤 종류가 있죠?

여러 동물들이 각기 다른 반응을 보입니다. 특히 꿩은 가장 민감한 동물로 알려져 있습니다.

구체적으로 어떤 행동들을 보이죠?

메기와 금붕어는 펄떡거리며 물 위로 뛰어오릅니다. 쥐들은 겁에 질려서 우왕좌왕하고 호랑이와 같은 야수들은 갑자기 얌전한 고양이처럼 행동합니다. 꿀벌들은 집을 버리고 이사를 가며 땅속 벌레들은 표면으로 기어 나오고 악어들은 흥분합니다.

 존경하는 재판장님, 피고 측 변호사의 말처럼 동물들은 사람보다 하등하지만 지진을 느끼는 감각에 있어서는 훨씬 뛰어난 능력을 보입니다. 특히 지진이 시작되기 전에 쥐들이 우왕좌왕하는 것을 보고 시민들이 여러 번 신고했으나 이를 무시하고 결국 큰 피해를 가져오게 한 피고 지진이의 유죄임을 주장합니다.

우리나라도 지진의 안전 지대가 아닙니다

지구과학 전문가들 사이에서는 판의 지각 운동으로부터 직접적인 영향을 받는 일본과 달리 한반도는 지진 활동이 활발하지 않다는 의견이 우세했습니다. 현재 판의 지각 운동이 진행되고 있는 지대를 변동대라고 하고 이 지대에서는 화산 작용과 지진 현상이 수반되고 있습니다. 그 대표적인 지대가 환태평양 변동대와 알프스 히말라야 변동대 등이고 해저에는 중앙 해령대와 해구 지대입니다. 이러한 변동대에서는 지각이 항상 움직이고 화산 작용과 지진 현상이 일어나며 습곡 산맥이 형성됩니다. 그러나 최근 학계 일각에서는 '한반도는 유라시아판 내부의 소규모 판인 아무리아판의 주변부에 위치하고 있으며 현재 이 판이 활기차게 움직이고 있어 지진의 빈도가 증가하고 있다'는 주장이 제기되고 있습니다. 역대 우리나라 주변의 지각 운동을 분석한 결과 우리나라와 일본이 하나로 붙어 있다가 약 2천만 년 전에 동해가 생겨나면서 떨어졌고 최근 1년에 1cm 가량 가까워지고 있다는 주장이 우세합니다. 이는 동해의 해양 지각이 대륙 지각 밑으로 침강하고 있는 만큼 우리나라에도 강도가 높은 지진과 해일이 일어날 가능성이 크다는 것을 의미합니다.

판결하겠습니다. 지진이는 고장 난 지진계를 고치지도 않고, 오히려 지난번 지진 때 같은 행동을 보인 동물을 보고 지진을 예상한 시민의 신고를 무시하였습니다. 그리하여 결국 큰 피해를 가져오게 하였으므로, 지진이에게 유죄를 선고합니다.

결국 지진이는 지진 조기 경보팀 팀장에서 쫓겨났고 지진 전문가가 팀장으로 부임하였다. 새로운 팀장은 지진계를 고치고 직원들에게 지진이 나기 전 동물들이 어떤 행동을 보이는지 사전 교육을 철저히 하였다.

리히터 규모란 무엇일까요?

리히터 규모로 지진의 규모를 어떻게 구분할 수 있을까요?

국민에게 신속하고 정확한 정보를 제공하는 신문 기자인 미진은 이번에 지진이 일어난 과학공화국 작은 시골 마을인 흔들촌으로 취재를 갔다. 먼저 지진의 피해 규모를 파악하기 위해 흔들촌에 있는 지진 관측소를 찾아갔다.

"박사님, 안녕하세요. 저는 지진일보에서 나온 기자 미진이라고 합니다. 우선 이번 지진의 규모는 어느 정도인가요?"

"정말 이번엔 끔찍할 정도로 땅이 흔들리고 갈라짐이 심했습니다. 리히터 규모 7로 측정됐습니다."

미진은 부지런히 수첩에 기록했다.

"지난번에 발생한 지진의 규모는 어느 정도였죠?"

"어디 보자, 적어 놓은 게 어디 있을 텐데…… 아, 여기 있군요. 리히터 규모 6입니다."

"네, 취재에 협조해 주셔서 감사합니다."

미진은 재빨리 신문사로 돌아와서 기사를 작성하기 시작했다.

"미진 씨, 기사 작성 다 됐으면 어서 주세요. 국민들이 그쪽 피해 상황을 궁금해 하니까."

"잠깐만요. 한 줄만 더 쓰면 돼요."

미진은 일의 속도를 높이기 시작했다. 미진이 쓴 기사는 곧 속보로 전국 곳곳에 퍼졌다. 지진 대책 위원회에서도 미진이 쓴 기사를 보고 흔들촌에 구호 물품과 자원 봉사자를 보냈다.

"아이고, 어서 오십시오. 제가 흔들촌 촌장입니다. 지금 여긴 지진 때문에 난리도 아니에요."

촌장은 정부에서 지원해 준 여러 가지 물품들을 챙기고 자원 봉사자들에게 할 일을 정해 주었다.

"그런데 어째 물품도 모자라고 일손도 부족한 것 같네요. 이게 어찌된 일입니까?"

"저희 지진 대책 위원회에서는 흔들촌이 작년보다 두 배 큰 피해를 입었다는 소식을 듣고 모든 물품을 작년의 두 배만큼 준비해서 왔습니다."

"뭐라고요? 누가 그래요?"

촌장은 위원회에서 준 신문 기사를 읽어 보았다.

"과학공화국의 조용한 시골 흔들촌에서 오늘 오전 지진이 발생했다. 지진이 발생한 규모는 리히터 7로서 지난번 발생한 지진보다 두 배의 피해를 입었다. 참고로 지난번 지진의 규모는 리히터 6이었다."

기사를 읽은 촌장은 크게 화를 내었다.

"자, 우리 마을을 한번 둘러보세요. 이번 지진으로 저번보다 두 배 이상의 훨씬 더 큰 피해를 입었습니다. 그러니 지난번 지진의 두 배 정도만 피해를 입었다고 쓴 기자 양반은 엉터리로 기사를 쓴 것입니다."

"촌장님, 진정하세요."

"지금 내가 진정하게 생겼어요? 이 엉터리 기사 때문에 구호 물품이 턱없이 부족하게 되었잖소! 지금 일손도 많이 부족하고 한시라도 빨리 복구해야 하는데, 이런 상황이 일어나다니."

촌장은 점점 흥분하기 시작했다.

"당장 이 사람을 지구법정에 고소해야겠어!"

촌장은 미진 기자를 지구법정에 고소하였다.

리히터 규모는 지진파가 가진 에너지를 나타낸 척도입니다.
0에서 8까지의 숫자로 나타내며 숫자 1이 올라갈 때마다
지진의 규모는 10배씩 더 커집니다.

리히터 규모는 무엇일까요?
지구법정에서 알아봅시다.

 판결을 시작하겠습니다. 피고 측, 변론하세요.

 리히터 규모는 지진의 힘을 0에서 8까지 숫자로 나타낸 것을 말합니다. 피해 정도를 숫자로 나타내기 때문에 지진의 정도를 쉽게 파악할 수 있는 장점이 있습니다. 그러나 피해 정도는 주관적인 생각이므로 정확히 몇 배 더 크게 피해가 났다라고 말하기 힘듭니다. 즉, 리히터 규모의 숫자가 전보다 더 크면 피해가 그 전보다 더 크게 났다고 예측할 수 있을 뿐, 몇 배 더 큰 피해가 났다고는 말할 수 없습니다. 따라서 미진이 기자는 무죄입니다.

 원고 측, 변론하세요.

 지진관측소장 흔들이 박사를 증인으로 요청합니다.

지그재그 파마를 한 흔들이 박사가 증인석에 앉았다.

 리히터 규모는 구체적으로 무엇을 나타낸 것이지요?

 지진파가 가진 에너지를 나타낸 척도입니다. 즉, 지진이 얼

마나 많은 에너지를 암석층에 전달하느냐를 나타내는 것이지요.

리히터 규모의 숫자는 어떻게 나타낸 것입니까?

지진이 얼마나 멀리서 일어났고 얼마나 빠른 속도로 땅이 흔들렸는지 측정하여 나타낸 것입니다. 즉, 지진이 얼마나 멀리서, 얼마나 깊은 곳에서 일어났는지 얼마나 강력한 것인지 나타낸 것입니다.

지진의 규모가 각 숫자에 딱 맞아떨어집니까?

그렇지는 않습니다. 보통 숫자로 나타낼 때는 소수 첫째 자리까지 나타냅니다.

각 숫자와 지진의 강도에 대해 말씀해 주십시오.

리히터 규모의 숫자에는 0부터 8까지 있습니다. 0은 가장 약한 지진이고, 1은 기계에서만 관측됩니다. 2는 진앙에서만 약하게 느껴지며, 3은 진앙 근처에서만 느껴지지만 피해가 거의 없고, 4는 진앙으로부터 먼 곳에서도 느껴지는 지진입니다.

그러면 피해가 발생하는 지진은 5 이상이겠군요.

원고 측 변호사, 증인의 말을 끊지 마십시오. 증인 계속 말씀하세요.

5부터 지진은 피해를 주기 시작하며 6은 파괴적인 지진입니다. 7은 피해가 큰 지진이며 8은 굉장히 큰 지진입니다.

각 숫자 간의 차이로 지진 규모의 차이를 알 수 있습니까?

리히터 지진계

리히터 지진계는 1935년 미국의 지진학자 리히터가 개발하였습니다. 리히터 지진계는 지진 기록의 최대 진폭과 진원으로부터의 거리를 이용하여 계산하는 것입니다. 이 계기는 지표상의 진동이 자동으로 기록되도록 만들었으며, 리히터 강도에서 1의 차이는 곧 지진의 정도가 10배나 차이가 나는 것으로, 7.5도는 6.5도보다 10배의 강력한 지진을 의미합니다. 현재 전 세계적으로 사용되고 있으며, 리히터 진도(magnitude)는 2에서 9 미만의 숫자로서 지진의 크기를 관측할 수 있게 되어 있습니다.

 네, 한 숫자가 올라갈 때마다 지진의 규모는 10배씩 올라갑니다.

 잘 이해가 되지 않는군요.

 한 예로 리히터 규모 2보다 리히터 규모 3의 지진의 규모가 10배 더 크다는 것입니다. 또 리히터 규모 4는 2보다 100배 더 큽니다.

 그러면 규모 2보다 5가 1000배 더 지진의 규모가 크다는 것이군요.

 그렇습니다. 숫자가 하나씩 올라갈 때마다 10을 곱해서 올라간다고 생각하면 됩니다.

 리히터 규모는 각 숫자마다 10배씩의 차이가 납니다. 즉 흔들촌에 발생한 지진의 경우 리히터 규모가 6이었을 때보다 7일 때 10배의 피해가 났을 것이라고 예상할 수 있습니다. 그러나 리히터 규모에 대해 잘 모르고 대충 2배일 것이라고 예측한 미진이 기자의 유죄를 주장합니다.

 판결합니다. 리히터 규모에서 숫자 1의 차이가 지진 규모의 10배 차이가 난다는 사실을 모르고 대충 2배 정도일 것이라는 추측 하에 기사를 써 흔들촌의 피해 복구에 좋지 않은 영향을 미친 미진이 기자는 유죄입니다. 따라서 기사를 다시 정

정하여 공개적으로 사과하고 리히터 규모에 대한 자세한 설명을 실을 것을 선고합니다.

판결 후 흔들촌의 피해가 10배 더 크게 났다는 정정 기사가 속보로 나갔고 과학공화국 여기저기서 흔들촌을 도우려는 손길이 늘어났다. 그리고 리히터 규모에 대해 잘 모르던 국민들은 기사를 통해 제대로 된 사실을 알 수 있게 되었다.

휴화산은 언제 터질지 몰라요

화산의 종류에는 어떤 것들이 있을까요?

봄, 여름, 가을, 겨울, 철마다 다른 풍경을 자랑하는 아름시의 미모산은 과학공화국에서 손꼽히는 관광지다. 늘 관광객으로 북적대고 드라마나 영화의 촬영 장소로 각광 받기 때문에 아름시에 사는 시민들은 관광 수입으로 모두 부유하게 살 수 있었다.

어느 날, 아름시 시장 이쁘니는 더 많은 돈을 벌기 위해 미모산에서 축제를 열기로 하고 시민 대표들을 소집했다.

"우리 미모산은 빼어난 절경으로 많은 국민들의 사랑을 받고 있습니다. 그 덕분에 우리 아름시 시민들도 모두 부유하게 됐고요."

"맞습니다, 시장님."

"제가 우리 시의 더 많은 관광 수입을 위해 아이디어를 좀 짜 봤는데, 해마다 미모산에서 축제를 여는 게 어떻겠습니까? 축제가 열리면 더 많은 관광객이 오지 않을까요?"

"맞습니다, 시장님."

"그럼 당장 추진을 하도록 하죠."

"저…… 시장님……."

한쪽 구석에 조용히 앉아 있던 소심한이 말을 꺼냈다.

"미모산은 잘 알려진 것처럼 휴화산입니다. 말 그대로 언제 또 화산이 터질지 모르는 일이죠. 그런데 축제를 연다는 것은 위험하지 않을까요?"

"몇 년 동안 아무 일 없었는데 설마 화산 폭발이 일어나겠습니까? 소심한 씨는 쓸데없는 일로 걱정하지 말고 축제를 열면 우리 아름시에 얼마의 수익이 생길지 계산이나 하세요."

모두 돈을 버는 데만 눈이 멀어 축제 준비에 열성이었다. 시간이 흘러 축제가 사흘 앞으로 다가왔을 때, 화산 연구소에서 연락이 왔다.

"시장님, 팩스가 한 통 도착했습니다."

이쁘니는 천천히 팩스를 읽어 내려갔고 다 읽자마자 쓰레기통에 버렸다.

"무슨 일 있습니까? 갑자기 왜 화산 연구소에서 팩스가……."

"아니, 아무 일 없네."

이쁘니가 자리를 비우자 여비서는 이쁘니가 버린 팩스를 주워서 읽어 보았다.

"미모산에서 열릴 예정인 화산 축제를 당장 멈추세요. 봉우리 옆의 땅이 부풀어 오르는 것을 발견했습니다. 조만간 화산이 폭발한 조짐이니 시민들의 안전을 위해서라도 축제는 연기되어야 합니다. 헉! 화산이 폭발할 거라니……."

여비서는 너무 놀라서 읽고 있던 팩스를 떨어뜨렸다. 그리고 이쁘니에게 달려갔다.

"이게 무슨 말입니까? 화산 폭발이라니요? 그럼 축제를 중지시킬까요?"

"무슨 소리! 지금 축제가 코앞인데! 미모산은 폭발하지 않아. 그건 내가 책임지지. 몇십 년 동안 잠잠했으니 안심하고 축제를 그대로 진행해. 그리고 이 일은 비밀로 지켜 주고."

이쁘니는 거의 협박을 하며 여비서의 입을 다물게 했다. 여비서는 불안한 마음을 감추며 축제 준비를 도울 수밖에 없었다.

그런데 축제를 하루 앞두고 예상했던 일이 일어나고 말았다. 미모산은 화산 폭발을 했고 축제를 구경하기 위해 미리 와 있던 관광객들은 대피하느라 정신이 없었다.

"이게 어떻게 된 일이에요? 곧 화산이 폭발할 산에서 축제를 열다니! 시장, 대체 정신이 있는 사람인가요?"

"미모산은 휴화산이라면서요? 그럼 화산이 폭발할 건지 안 할 건지 잘 알아보셨어야죠!"

"그리고 화산 연구소에서 미모산은 곧 화산이 폭발할 테니 축제를 중지하라고 했다던데 그게 사실이에요?"

"시장이 돈에 눈멀었구먼."

"긴말할 것 없이 우리 이쁘니 시장을 지구법정에 고소합시다."

"좋소!"

성난 관광객들은 아름시 시장 이쁘니를 지구법정에 고소하였다.

화산은 진행 순서에 따라 활화산, 휴화산,
사화산으로 나뉩니다. 휴화산은 현재 활동하지 않고
쉬고 있는 화산으로 언제 터질지 모릅니다.

화산의 종류에는 어떤 것이 있을까요?
지구법정에서 알아봅시다.

 피고 측, 변론하세요.

 미모산은 몇 년 동안 아무 일도 일어나지

않았습니다. 축제 전까지만 하더라도 아

무 일이 없었고요. 예전에 한 번 터진 적이 있었지만 거의 죽

은 것이나 마찬가지인 화산이었습니다. 그런 화산이 '나 터져

요' 하고 예고하고 터지는 것도 아니고 몇 년간 조용히 있다

가 하필 축제 날에 터진 것입니다. 시장이 예상하지 못하는

것은 당연한 것이므로 시장은 무죄입니다.

 원고 측, 변론하세요.

 미모산은 휴화산이었습니다. 휴화산은 말 그대로 쉬고 있는

화산일 뿐 절대 안 터지는 것은 아닙니다. 화산 연구소 소장

화산뽀 박사를 증인으로 요청합니다.

빨간 머리카락이 위로 솟은 한 남자가 증인석에 앉

았다.

 화산이란 무엇입니까?

땅속에 있는 가스나 깊은 땅속의 암석이 높은 열 때문에 녹은 것이 지각의 약한 부분이나 갈라진 틈을 통해 밖으로 터져 나와 만들어진 산을 말합니다. 특히 암석이 녹은 물질을 마그마, 이것이 밖으로 나오면 용암이라고 합니다.

 화산의 종류에는 어떤 것들이 있습니까?

 화산을 나누는 기준에는 여러 가지가 있지만 진행 순서로 나누면 크게 활화산, 휴화산, 사화산이 있습니다.

 각각에 대해 자세히 설명해 주세요.

 활화산은 현재 활동을 하고 있는 화산이고, 휴화산은 현재 활동을 하지 않으나 언젠가는 활동하게 될 화산이며, 사화산은 활동을 멈춘 죽은 화산입니다.

 한국의 화산

현재 한국은 중국, 시베리아와 같이 안정 지괴의 일부를 이루어 화산 지형의 분포는 적습니다. 그러나 지질지대에는 격렬한 화산 활동이 있었던 것으로 추정됩니다.

① **백두산과 개마용암대지:** 백두산은 전반적으로 경사가 완만한 순상 화산이나, 2200m 이상의 산정부는 알칼리성 조면암으로 구성된 종상 화산으로 형성된 아스피테—톨로이데식의 복합 화산입니다. 산정부에는 함몰로 생긴 칼데라호 천지(天池)가 있습니다.

② **개마용암대지:** 홍적세에 백두화산대의 열하를 따라 유동성이 강한 현무암이 분출하여 형성된 백두용암대지라고도 합니다.

③ **중부지방의 용암대지:** 철원·평강용암대지와 신계·곡선용암대지로 구분됩니다. 앞의 것은 제4기에 유동성이 강한 현무암의 열하 분출로 이루어진 용암대지입니다.

④ **제주도와 한라산:** 해저에서 분출하여 종상 화산을 이루었다가 다시 현무암이 분출하여 순상 화산을 이룬 것입니다. 산정부에는 화구호 백록담이 있습니다.

⑤ **울릉도:** 최고봉 성인봉은 점성이 강한 암석으로 이루어진 종상 화산입니다.

🧑 화산이 분화할 것이라는 것을 예측하기가 쉽습니까?

🧑 매우 어렵습니다. 어떤 화산은 수백 년 동안 아주 가끔씩 약하게 터지거나 전혀 터지지 않기도 하니까요.

🧑 휴화산이 활동하지 않는 기간과 폭발 정도와는 어떤 관계가 있습니까?

🧑 오랫동안 분화하지 않을수록 폭발의 규모가 커집니다.

🧑 미모산이 폭발할 것이라는 걸 어떻게 예측하였습니까?

🧑 봉우리 옆의 땅이 부풀어 오르는 것을 발견했습니다. 앞에서 말했던 것과 같이 마그마는 지각의 약한 부분을 뚫고 올라오려는 성질이 있기 때문입니다.

🧑 존경하는 재판장님, 미모산은 언제든 터질 수 있는 가능성이 있는 휴화산이었습니다. 비록 언제 터질지 예측하기는 매우 어려운 일이었으나 화산 연구소에서 그 어려운 일을 해내 경고까지 했는데도 불구하고 이쁘니 시장은 이를 무시하고 행사를 무리하게 추진하였습니다. 그리하여 자칫 큰 인명 피해를 일으킬 뻔하였으니, 이쁘니 시장은 유죄임을 주장합니다.

🧑 판결합니다. 비록 몇 년 동안 조용했다 하더라도 미모산은 언제든지 터질 수 있는 휴화산이었고, 화산 연구소의 경고에도 불구하고 휴화산을 마치 사화산처럼 생각하여 무리하게 행사를 추진하여 큰 인명 피해를 낼 뻔한 이쁘니 시장에게 유죄를 선고합니다.

이쁘니 시장은 시장직을 박탈당하였고, 아름시에는 새로운 시장
이 선출되었다. 미모산은 관광객 대신 화산 연구원들의 연구지로
각광을 받게 되었다.

구멍산은 화산일까요?

어떤 산이 과거에 화산이었음을 알 수 있는 근거는 무엇일까요?

"지올로 삼촌!"

"오, 우리 피크 잘 지냈어?"

지질학자 지올로는 휴가를 맞아 고향으로 내려왔

다. 오랜만에 집에 온 지올로를 조카 피크가 반가이 맞아 주었다.

"삼촌, 나랑 놀자. 아잉."

"그래, 우리 뭐 하고 놀까?"

"저기 뒷산에 올라가서 놀자, 헤헤."

지올로는 피크를 데리고 구멍산으로 갔다. 구멍산은 높이가

300m 정도 되는 야트막한 산으로 지도에도 잘 나오지 않는 평범

한 동네 뒷산이다.

"내가 삼촌한테 보여 줄 게 있어. 이 산에 신기한 돌멩이가 있거든. 여기 있다."

피크는 구멍이 뚫린 돌멩이를 지올로에게 주었다. 지질학자인 지올로는 그 돌멩이를 유심히 살펴보았다.

"있잖아, 저기에는 더 큰 돌멩이에 구멍이 뚫려 있다니까!"

"그래? 같이 가 볼까?"

피크는 구멍이 숭숭 뚫린 암석을 지올로에게 보여 주었다. 과학자로서 뭔가를 직감한 지올로는 이 산이 연구할 가치가 있다고 느꼈다.

'혹시 구멍산이 화산이 아닐까?'

"삼촌, 무슨 생각을 그리 하는 거야?"

피크는 지올로의 바짓가랑이를 잡고 흔들었다. 지올로가 한참 동안 아무 말도 없이 골똘히 생각만 하고 있었기 때문이다.

"하하, 우리 피크가 대단한 걸 발견했구나. 이 구멍산이 화산이 아닐까라는 생각을 했어. 우리 좀 더 이 산을 둘러볼까?"

지올로는 우선 구멍산 꼭대기에 올라가 주변을 둘러보았다. 구멍산 주위는 온통 밭이었다. 특별히 화산이었다는 증거는 눈에 띄지 않았다. 그러나 구멍이 뚫린 암석이 있다는 사실만으로도 화산이었다는 충분한 증거가 될 것 같아서, 지올로는 구멍산은 예전에 화산이었다고 학회에 보고하였다. 만약 구멍산이 화산이라는 사실이 밝혀지면 구멍산은 유명세를 타게 되고 덩달아 그것을 발견한 지올로도 학회에서 인정받게 될 것이라고 생각하였다.

"흠, 구멍산이 어디에 있는 산입니까?"

"제 고향 뒷산입니다."

"거기에 구멍 뚫린 암석이 있다고요?"

"네."

"이것만으로는 이 산이 화산이었다고 증명할 수가 없습니다."

이어서 화산 학회의 이노 박사가 말했다.

"구멍산이라면 제가 가 본 적이 있습니다. 그 구멍산 주위는 온통 밭으로 둘러싸여 있죠?"

"그렇습니다만."

지올로는 점점 기어 들어가는 목소리로 대답했다.

"주위가 온통 밭인데 그 산이 화산이었다는 것은 말도 안 됩니다."

이노 박사는 구멍산은 절대 화산이 아니라고 못을 박았다. 하지만 지올로는 그 말에 동의할 수 없었다. 그리하여 그는 구멍산에 대한 조사를 지구법정에 의뢰하였다.

모든 화산이 크게 터져 용암이 흘러넘치는 것은 아닙니다.
눈에 띄지 않게 조용히 분화하거나 용암이
조금씩 새어 나오는 화산도 있습니다.

모든 화산은 폭발적일까요?
지구법정에서 알아봅시다.

 판결을 시작합니다. 피고 측, 변론하세요.

 세계적으로 유명한 화산들은 모두 큰 산 모양을 이루며 뻥뻥 터집니다. 그리고 분화해서 나온 용암들은 빠른 속도로 많은 양이 흘러나와 큰 피해를 입히기도 하고요. 그런데 구멍산의 경우 산이라기보다 완만한 언덕에 가까우며 더군다나 밭이 있는 곳이므로 구멍 난 돌이 있다고 해서 전부 화산은 아니라고 주장하는 바입니다.

 나도 화산은 영화에서 본 것처럼 쾅 터지는 것이라고 생각하는데, 어쨌든 끝까지 들어 봅시다. 원고 측, 변론하세요.

 화산이라는 것은 땅속에 있는 가스나 깊은 땅속의 암석이 높은 열로 인해 녹은 마그마가 지각의 약한 부분이나 갈라진 틈을 통해 밖으로 나온 것을 말합니다. 그런데 과연 모든 마그마는 우리가 생각했던 것처럼 뻥 터지면서 나올까요? 화산연구소 소장 화산뽀 박사를 증인으로 요청합니다.

빨간 머리카락이 위로 솟은 남자가 증인석에 앉았다.

우선 마그마와 용암의 차이는 무엇인가요?

땅속에 있는 암석이 높은 열 때문에 녹아 반 액체 상태로 된 것을 마그마라고 하며, 마그마가 땅 밖으로 나오면 그것을 용암이라고 합니다.

그렇군요. 용암은 늘 양이 많고 흐르는 속도가 빠릅니까?

꼭 그렇지만은 않습니다. 용암의 끈적거림의 정도에 따라 흐르는 속도가 다르며 얼만큼의 마그마가 땅을 뚫고 올라왔느냐에 따라 용암의 양이 달라집니다.

용암이 끈적거릴수록 멀리 가지 못하겠군요.

용암의 끈적거림의 정도와 어떻게 터졌느냐에 따라 화산의 모양이 달라집니다.

흥미로운 이야기군요. 어떻게 달라집니까?

용암이 끈적거릴수록 또 크게 뻥 터질수록 뾰족하고 큰 화산을 만듭니다. 반면에 끈적임이 적고 분화가 조용하게 일어나는 화산은 완만한 언덕을 이루는 경우가 많습니다.

구멍산처럼 밭을 이룬 곳도 화산이 생길 수 있을까요?

가능합니다. 마그마는 언제 어디서든지 존재할 수 있고 지각이 약한 곳이면 뚫고 나올 수 있으니까요.

실제로 일어난 예가 있습니까?

네, 1943년 2월 20일 멕시코 파리쿠틴이라는 마을의 옥수수밭에서 화산이 터진 적이 있었습니다.

 놀랍군요. 화제를 바꿔서 구멍산에서 나온 구멍 난 돌은 무엇입니까?

 아마 현무암이 아닐까 싶습니다.

 현무암이 무엇이지요?

 현무암은 용암이 흘러나온 뒤 차가운 공기를 만나 식어서 생긴 것으로 용암 속에 있던 기체가 빠져나가면서 구멍이 생긴 돌을 말합니다.

 이의 있습니다. 현무암이 만들어지려면 화산이 분화하여야 하는데, 구멍산에서는 그런 적이 없었습니다.

 나도 그것이 궁금하군요. 증인의 말을 들어 봅시다.

 우리가 흔히 생각할 때 화산이 터졌다고 하면 많은 양의 용암이 나올 것이라고 예상하는데 꼭 그렇지만은 않습니다. 용암이 조금씩 새어 나올 수도 있거든요. 구멍산이 그런 종류가 아닐까 싶습니다.

 존경하는 재판장님, 화산은 우리가 생각했던 것과는 달리 조용하게 흐를 수도 있고 적은 양의 용암이 조금씩 새어 나올 수도 있다는 것을 알았습니다. 거기다 구멍 뚫린 돌, 바로 현무암이 있다는 사실로 미루어 보았을 때 구멍산은 화산임을 주장합니다.

 판결하겠습니다. 많은 종류의 화산은 분화할 때 쾅 터지지만 그것이 화산의 전부가 아니며 아무도 모르게 조용히 분화하거나 일부 갈라진 틈으로 약간의 용암이 새어 나오는 경우도 있습니다. 특히 현무암의 경우 용암이 굳어져서 만들어진 암석이므로, 구멍산은 화산임을 판결합니다.

재판 후 화산 학회는 지질 조사를 통해 구멍산이 화산임을 알게 되었고 지올로는 학회에서 인정받게 되었다. 그 후 지올로는 세계를 돌아다니며 구멍산 같은 화산을 연구하였다.

 폼페이 화산 폭발 역사

서기 79년, 서로마 티투스 황제 제위 당시, 900년이 넘도록 폭발하지 않아 사화산이라 여겨지던 베수비오산이 조용히 폭발했습니다. 79년 8월 24일 오후 1시쯤 분화가 시작되었으나, 캄파냐 지방은 원래 지진이 흔한 곳이었으므로 사람들은 약한 지진이라 여겨 대피하지 않고, 오후·늦게 화산 폭발임을 감지하고 대피를 시작했으나 늦은 대피로 말미암아 큰 피해가 났습니다. 이튿날인 25일 아침, 이미 사망자는 수천 명에 이르렀고(당시 폼페이 인구는 1만5천 내지 2만으로 추정), 이들 중 대부분은 질식으로 인해 숨진 것이라 여겨집니다. 더구나 나중에는 비까지 내려 4m 높이의 화산재가 시멘트처럼 딱딱하게 굳어진 채로 유명한 휴양 도시였던 폼페이를 덮어 버렸습니다. 후세에 발견된 폼페이 유적지는 화산재 덕분에 원 상태 그대로 보존되어 그 시대의 생활상을 보여 주는 훌륭한 유적지가 되었습니다.

지열 에너지 이용법

화산 지대에 온천이 많은 이유는 무엇일까요?

호텔리는 잘나가는 대학 교수였다. 그는 학생들에게 많은 사랑을 받았고, 연구 성과도 좋았다. 그러나 건강을 돌보지 않고 무리해서 강의를 한 바람에 그의 건강은 급속도로 나빠졌다. 호텔리는 노후 준비를 위해 그동안 착실히 모은 적금으로 좀 쉬면서 사업을 하기로 하고 명예퇴직을 했다.

"이 돈으로 뭘 해 볼까?"

"우아한 레스토랑 하나 차리는 게 어때요?"

호텔리의 아내 모텔리가 졸랐다.

"그건 안 돼. 돈이 많이 들어. 여보, 이것 봐. 화산리에 땅이 싸게 나왔네. 우리 여기에 펜션을 지어서 분양할까?"

"펜션보다 호텔이 더 좋은데."

"쥐꼬리보다 더 돈이 적으니 호텔 방 한 칸도 못 지어."

"그놈의 돈이 원수네. 근데 하필이면 왜 화산리에 펜션을 지어요?"

"거긴 화산 지대라서 잘하면 난방비가 엄청 절약된다고."

"오호라! 정말 좋은 사업 아이디어네요. 어서 실행에 옮기자고요."

호텔리는 바로 화산리로 가서 땅을 사고 거기에 펜션을 지었다. 그리고 신문 광고와 텔레비전 광고를 통해 저렴한 가격으로 펜션을 분양한다고 홍보하였다.

"아름다운 경치, 뜨끈뜨끈한 방바닥, 틀기만 하면 뜨거운 물이 철철!"

"난방비가 공짜! 공짜입니다."

"방송 3사에서 극찬한 최고의 펜션! 프리딤 펜션을 살 사람은 여기 붙어요."

인기 개그맨 옥동자와 옥구슬의 광고가 나가자마자 펜션에 대한 문의 전화가 끊임없이 걸려왔다. 호텔리는 연일 즐거운 비명을 질렀다.

"하하하, 역시 내 아이디어가 좋았어. 공짜라는 말에 사람들이 구름처럼 몰리고 있어."

"정말 신기하네요. 비싼 전기를 이용하지 않고도 난방을 할 수

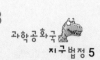

있다니. 다른 화산 지역에도 우리 펜션을 지어요."

모텔리의 얼굴에도 웃음이 떠나지 않았다.

"그래, 그렇게 사업을 확장해서 나중에는 호텔도 짓자고."

따르릉!

"어머나, 또 전화가 오네. 여보, 어서 전화 받으세요."

모텔리는 호텔리에게 전화를 건네주었다.

"여보세요."

"프리덤 펜션의 호텔리 씨죠?"

"네, 무엇을 도와드릴까요?"

"텔레비전 광고를 보고 전화 드리는 겁니다. 보니까 난방이 공짜라고 하던데, 그게 어디 있을 법한 일입니까?"

"아, 그 원리에 대해선 제가 설명을……."

"긴말할 것 없이 당신이 허위 광고를 하고 있다고 정부에 정식으로 조사 의뢰하겠습니다."

전화가 끊기자 호텔리는 벼락같이 화를 냈다.

"이런 무식한 사람이 다 있나! 잘 알지도 못하고!"

"너무 신경 쓰지 말아요. 설마 정부에서 진짜 조사를 하러 올까요? 만약 온다고 해도 우리는 당당하잖아요."

모텔리의 위로의 말에 호텔리도 마음을 진정시켰다. 하지만 다음 날, 호텔리는 자신을 찾아온 정부 사람을 보고 깜짝 놀랐다.

"호텔리 씨, 당신이 허위 광고를 하고 있다는 제보를 받고 우리가 직접 왔습니다."

"참 나, 우리는 허위 광고를 한 적이 없다니까요. 난방비가 공짜라는 것은 사실이라고요."

"아니 어떻게 난방을 공짜로 할 수 있다는 겁니까? 이거 더 수상한걸."

"여기서 이럴 것이 아니라 지구법정으로 갑시다. 거기에서 내가 결백하다는 것을 증명해 줄 테니."

지구 내부의 마그마가 내뿜는 열은 지하수의 온도를
150℃까지 올립니다. 뜨거워진 지하수는 직접 난방에
이용되거나 다른 에너지를 만드는 데 이용될 수 있습니다.

지열 에너지는 무엇일까요?
지구법정에서 알아봅시다.

 판결을 시작하겠습니다. 피고 측, 변론하세요.

 요즘 난방은 일부 시골을 제외하고는 거의 기계화되어 있으며 난방의 방식은 열선에 의한 발열이나 따뜻하게 데운 물을 관 속에 돌게 하도록 되어 있습니다. 이렇게 하기 위해서는 열을 공급해 줄 재료가 필요한데, 가장 많이 쓰이는 것이 전기입니다. 그 밖에 가스나 기름들도 많이 쓰이죠. 이 재료들은 자신이 직접 만들지 않는 이상 돈을 주고 사야 하기 때문에 만약 난방비를 공짜로 한다면 금방 사업이 망할 수밖에 없습니다. 따라서 호텔리 씨는 허위 광고를 한 것이 틀림없습니다.

 원고 측, 변론하세요.

 피고 측의 주장도 맞습니다. 하지만 호텔리 씨는 평범한 땅이 아닌 화산 지대에 펜션을 지었습니다. 이것이 이번 사건을 풀 열쇠입니다. 지열 에너지 개발 연구소의 열나네 박사를 증인으로 요청합니다.

얼굴이 빨간 열나네 박사가 증인석에 앉았다.

 하시는 일이 무엇인지 말씀해 주시겠습니까?

 지구 내부에 있는 열을 이용하여 전기 등의 에너지를 만들어 사용할 수 있도록 연구하는 일을 합니다.

 지구 내부에 있는 열은 정확히 어떤 것을 말합니까?

 지구 핵이 맨틀을 달구고 그 열에 녹은 맨틀의 암석이 마그마가 되어 내뿜는 열입니다.

 그 열을 어떻게 사용한다는 건지 잘 이해가 되지 않는데, 자세히 설명해 주시겠습니까?

 정확히 말하면 뜨거운 마그마가 지하수를 끓이는 역할을 합니다. 뜨거워진 지하수를 이용하여 기계를 돌려 전기를 생산하기도 하고 다른 곳에 쓰기도 합니다.

 우리가 잘 이용하는 온천도 화산 지대에 많이 분포하는데, 이것도 지열 에너지와 관련이 있는 것입니까?

 그렇습니다. 뜨거워진 지하수가 땅 밖으로 나오거나 땅을 파서 끌어올리면 그것이 온천이 되는 것이지요.

 뜨거워진 지하수는 온도가 어느 정도입니까?

 화산 지대의 지하수 평균 온도는 대략 150℃입니다. 물이 끓을 때 온도가 100℃인 것을 생각하면 매우 뜨거운 것이지요.

 뜨거워진 지하수로 난방도 가능합니까?

지열

땅속 깊은 곳에서는 방사성 동위원소들의 붕괴로 끊임없이 열이 생성되고 있고, 땅속 마그마는 종종 지각이 얇은 곳에서 화산이나 뜨거운 노천 온천의 형태로 열을 분출합니다. 이러한 열을 보통 지열이라 부르는데, 지열은 방사성 물질과 마그마의 작용으로 생성되는 것이기 때문에, 태양 에너지와는 관계없는 것입니다. 지열은 직접적인 난방, 전력 생산, 열펌프를 통한 난방과 냉방, 제조용 열 등 여러 가지 형태로 이용될 수 있습니다.

 물론이지요. 지금 우리가 사용하는 난방은 물을 끓여서 바닥 밑에 깔아 둔 관으로 보냄으로써 온도를 올리는 방식을 사용하는데, 화산 지대의 지하수는 뜨거우니 물을 끓일 번거로움 없이 그냥 보내면 됩니다.

 만약 호텔리 씨가 평지에 펜션을 짓고 난방비가 공짜라고 말했다면 그것은 분명 허위 광고였을 것입니다. 하지만 화산 지대에 펜션을 세웠고 난방을 화산 지대의 지하수로 사용한다면 난방비를 공짜로 할 수 있을 것입니다. 따라서 허위 광고가 아님을 주장합니다.

 판결합니다. 화산 지대의 마그마로 끓여진 지하수는 150°C 정도로 매우 뜨겁고, 이것을 난방에 이용한다면 물을 끓이는 데 비용이 들지 않으므로 충분히 난방비를 공짜로 할 수 있을 것입니다. 따라서 호텔리 씨의 광고는 허위가 아님을 선고합니다.

판결 후 호텔리 씨의 펜션은 예약하지 않으면 사용할 수 없을 정도로 매우 인기가 좋아졌다. 돈을 많이 번 호텔리 씨는 자신이 몸담고 있었던 대학에 장학금을 기부했다.

마사지에 이용되는 돌

미용 재료로도 이용되는 부석이란 과연 무엇일까요?

마사지 센터를 운영하고 있는 손경락은 요즘 들어 매상이 떨어지자 골머리를 앓고 있다.

"도대체 장사가 왜 이리 안 되는 거지? 단골 연예인들도 코빼기도 안 보이고."

"계십니까? 마사지 받으려고 왔는데요."

반나절이 지나서야 첫 손님이 들어오자 손경락은 맨발로 뛰어나갔다.

"아이고, 어서 오십시오."

"제가 발에 굳은살이 많아서 마사지 좀 받으려고 왔습니다."

"자, 이쪽으로 누우시죠."

"근데 돌은 어디 있죠? 아무리 둘러봐도 돌이 안 보이네요."

"돌이라고요? 마사지 센터에 돌이 있을 리가 있나요."

"여기가 그 유명한 돌 마사지 센터 아니에요?"

"아닌데요."

손님은 잘못 찾아온 것을 알자 주섬주섬 옷을 챙겨 입고 미안하단 말만 남기고 나가 버렸다. 손경락은 몰래 그 손님의 뒤를 밟았다.

'돌 마사지 센터가 생겼나? 하긴 요 앞 부석산 중턱에 마사지 센터가 있다는 소리를 들었는데…… 그러고 보니 우리 가게가 장사가 안 되는 것도 그 돌 마사지 센터 때문일지 몰라. 어디 한번 나도 가 봐야지.'

부석산을 따라 올라가 보니 초현대식 건물로 잘 지어진 마사지 센터가 하나 있었다. 창문을 통해 건물 안을 들여다보니 손님들로 꽉 차 있었다.

"손님, 입구는 이쪽입니다. 이쪽으로 오세요."

유니폼을 입은 예쁜 아가씨가 생글생글 웃는 얼굴로 손경락을 안내했다.

"부석 치료가 뭐죠?"

손경락은 마사지 센터 입구에 커다랗게 쓰여 있는 글씨를 보며 물었다.

"네, 손님. 부석이란 물에 뜨는 돌을 말하는 겁니다. 부석으로 마

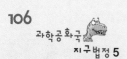

사지를 받게 되시면 어깨 결림, 굳은살 치료, 큰 바위 얼굴 축소 등 등 많은 효과를 보시게 됩니다."

"말도 안 돼. 돌로 사람 몸을 어떻게 마사지합니까? 마사지는 이 손으로 정성껏 하는 게 최고라고요!"

순간 생글생글 미소를 잃지 않던 안내원의 얼굴에 웃음이 싹 가셨다. 손경락은 계속 씩씩거리며 부석산을 한걸음에 내려왔다.

'이런 일이! 그깟 돌이 무슨 마사지 효과가 있다는 거지.'

손경락은 돌 마사지 센터에 손님을 다 빼앗긴 것이 억울해서 견딜 수가 없었다.

"손 사장님, 소식 들으셨어요? 돌 마사지 센터 생긴 거요."

이웃 마을에서 마사지 센터를 운영하고 있는 손경락의 오래된 후배가 그를 기다리고 있었다.

"나도 내 눈으로 가서 보고 오는 길이야. 우리 단골손님들이 죄다 거기 가 있더군."

"우리 가게 손님들도 시외버스까지 타고 부석산으로 가는 걸 저도 봤어요. 세상에 돌로 마사지를 하는 게 무슨 효과가 있겠습니까?"

"그 업체 사기꾼들 아니야?"

"저도 그렇게 생각해요. 우리 지구법정으로 가서 그 마사지 센터를 고소합시다."

"그래, 그게 좋겠군."

손경락은 곧바로 후배와 함께 지구법정으로 갔다.

분출된 용암이 매우 빨리 식었을 때 그 안의
공기가 갇힌 상태에서 굳은 돌을 부석이라고 합니다.
부석은 물에 뜨고 잘 부숴집니다.

부석이란 무엇일까요?
지구법정에서 알아봅시다.

 피고 측, 변론하세요.

 제가 비록 피고 측이지만 솔직히 못하겠

는데요. 왜냐하면 저도 그 마사지 효과를

봤기 때문에……

 쯧쯧, 변호사라는 사람이. 하긴 나도…… 흠흠! 원고 측, 변

론하세요.

 암석 전문가 나암석 씨를 증인으로 요청합니다.

　돌이 그려진 티셔츠를 입은 나암석 씨가 증인석에

앉았다.

 부석이 무엇입니까?

 부석은 화산이 폭발하고 용암이 너무 빨리 식었을 때 용암 안

에 있던 공기가 나가지 못하고 안에 있는 상태에서 돌이 된

것을 말합니다.

 구멍이 있는 것으로 봐서 현무암과 비슷한데요.

 둘 다 구멍이 있는 돌이라는 점에서는 같지만 성질은 다릅니

다. 가장 큰 차이점은 물에 뜨느냐 뜨지 않느냐 하는 것이죠.

나암석 씨가 물이 담긴 욕조에 현무암과 부석을 넣었다. 그러자 현무암은 물속에 가라앉았고 부석은 물 위로 떠올랐다.

 신기하군요. 왜 그런 것이지요?

 용암이 식을 때 현무암의 경우는 공기가 빠져나가 돌만 있는 상태이고 부석은 공기가 빠져나가지 못해 공기가 돌 안에 있는 상태입니다. 즉, 공기를 함유한 돌이지요. 그래서 물에 띄우면 풍선이 물에 뜨듯 부석도 물에 뜨는 것입니다.

 또 다른 차이점이 있을까요?

 부석은 공기 때문에 밀도가 작아 잘 부수어집니다. 한 번 부

쉬 보시겠습니까?

어쓰 변호사가 부석을 손으로 쉽게 쪼갰다.

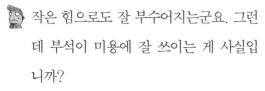

작은 힘으로도 잘 부수어지는군요. 그런
데 부석이 미용에 잘 쓰이는 게 사실입
니까?

그렇습니다. 우리 선조들은 발에 딱딱한
굳은살이 생기면 부석으로 문질러서 없
앴습니다. 실제로 화산 지대가 아닌 지
역에서 발견되는 부석은 아주 멀리까지 여행하는 로마의 무
역상으로부터 부석을 구입했다고 합니다.

존경하는 재판장님, 이건 판결할 필요도 없는 것 같은데요.
옛날부터 썼다고 하잖습니까.

참 곤란하군요. 내 아내도 부석을 잘 쓰긴 쓰던데, 이웃집도
그렇고…… 자, 그럼 판결하겠습니다. 부석은 옛날부터 미용
재료로 잘 쓰였으므로 돌 마사지 센터의 마사지 방법은 사기
가 아님을 선고합니다.

판결 후 손경락도 부석을 구입해 마사지를 시작했고 부석 이외
에 다른 돌들도 마사지에 쓰일 수 있는지 열심히 연구하였다.

> **현무암**
>
> 화산 지형에 많은 돌인 현무암은
> 이산화규소 함량이 적고 어두운
> 색을 띠며, 철과 마그네슘이 비
> 교적 풍부한 분출 화성암을 말합
> 니다. 현무암은 칼크–알칼리 현
> 무암과 알칼리 현무암의 2개의
> 중요한 군으로 구분할 수 있습니
> 다. 칼크–알칼리 현무암질 용암
> 은 지배적인 유색 광물로 보통
> 휘석과 감람석을 포함합니다. 알
> 칼리 현무암은 해양 분지 내의
> 용암에 많고, 산맥 지대의 용암
> 에서도 흔히 발견됩니다.

지진

호수에 돌멩이를 던지면 호수에 동그라미가 만들어집니다. 이것을 파동이라고 합니다. 즉 물 알갱이들이 위아래로 오르락내리락하면서 옆으로 퍼져 나가는 것입니다.

마찬가지로 지진도 파동입니다. 그래서 지진을 다른 말로 지진파라고도 부릅니다. 지구 속 어느 한 지점이 충격을 받으면 그 지점이 흔들립니다. 그리고 그 진동이 옆으로 옆으로 퍼져 나갑니다. 어디까지 가냐고요? 당연히 지표까지 갑니다. 그렇게 되면 지표가 흔들리고 지표에 붙어 있는 건물들도 흔들리게 됩니다. 이것이 바로 지진입니다.

진원은 지진이 일어난 곳을 말합니다. 지진의 원인이라는 뜻이지요. 호수의 파동을 예로 들었을 때 호수에 돌멩이가 떨어진 지점과 같은 곳입니다. 진원은 땅속 깊숙한 곳에 있습니다. 진원에서 발생한 진동은 사방으로 퍼져 나가는데, 가장 큰 피해를 입는 곳은 진원에서 가장 가까운 지표 부분입니다. 이곳을 진앙이라고 부릅니다. 만약 지진이 지구 속 얕은 곳에서 발생하면 지표까지의 거리가 가까우므로 매우 위험합니다.

과학성적 끌어올리기

센 지진, 약한 지진

방송에서 어느 지역에 지진이 났다고 보도할 때 '리히터 규모가 5.2이다' 또는 '리히터 규모가 3.5이다' 하는 말을 들어 본 적 있나요?

가벼운 아이가 다이빙할 때와 무거운 씨름 선수가 다이빙할 때, 물이 더 심하게 출렁대는 경우는 어떤 경우일까요? 당연히 무거운 씨름 선수가 다이빙할 때일 것입니다. 지진도 진원에서 큰 진동으로 일어날 수 있고 작은 진동으로 일어날 수 있습니다. 큰 진동으로 일어나면 지진이 가지고 있는 에너지가 크니까 지진의 피해가 클 것입니다.

지진이 주는 피해를 숫자로 나타낸 지질학자가 있었습니다. 그는 바로 미국의 리히터입니다. 과학자들은 대부분 수치로 나타내는 걸 참 좋아합니다. 온도의 경우에도 그냥 뜨겁다거나 차갑다고 하지 않고 과학자는 온도계의 수치에 근거해 영상 12도와 같이 숫자로 나타냅니다.

과학성적 끌어올리기

과학공화국
지구법정 5

과학성적 끌어올리기

리히터 규모

0 — 가장 약한 지진

1 — 기계에서만 관측되는 지진

2 — 진앙에서만 약하게 느껴지는 지진

3 — 진앙 근처에서만 느껴지지만 거의 피해가 없는 지진

4 — 진앙에서 먼 곳에서도 느껴지는 지진

5 — 피해를 주기 시작하는 지진

6 — 파괴적인 지진

7 — 피해가 큰 지진

8 — 굉장히 피해가 큰 지진

리히터 규모는 각 숫자 사이의 규모를 소수 첫째 자리까지 나타
냅니다. 그렇다면 리히터 규모 2인 지진은 리히터 규모 1인 지진의
두 배의 피해를 줄까요? 결코 아닙니다. 리히터 규모의 숫자가 1
씩 올라갈 때마다 지진의 규모는 10배 커집니다. 그러니까 리히터
규모 2인 지진은 리히터 규모 1인 지진의 10배, 규모 3인 지진은
규모 1인 지진의 100배인 것입니다.

지진파 형제

지진도 파동이므로 위아래로 주기적으로 오르락내리락합니다. 지진 관측소마다 지진계는 땅의 흔들림을 기록할 수 있습니다.

지진이 오지 않으면 땅이 안 흔들립니다. 이때 지진계의 빙글빙글 돌아가는 두루마리 종이는 펜과 항상 같은 높이에서 만나니까 종이에는 일직선이 그려집니다. 하지만 땅이 흔들려 위아래로 오르락내리락하면 펜이 올라갔다 내려갔다 하면서 종이에 오르락내리락하는 그림이 그려집니다. 이때 오르락내리락하는 정도가 크면 땅이 많이 흔들렸다는 것을 의미합니다.

다음 그림을 한번 보세요.

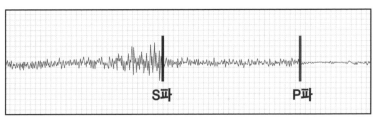

지진계에 기록된 지진파

오른쪽에서 왼쪽으로 갈수록 나중에 도착한 지진파를 나타냅니다. 그림을 보면 처음에는 진동이 작고 다음에는 커지지요? 작은 지진과 큰 지진 두 개가 기록된 것일까요? 아닙니다. 이것은 하나의 지진을 기록한 것입니다.

그런데 왜 지진파의 모양이 다를까요? 지진이 발생하면 그 충격으로 지진파가 만들어지는데, 이때 두 개의 지진파가 만들어집니다. 작은 진동으로 기록된 지진파는 P파이고 뒤에 큰 폭으로 진동하는 지진파는 S파입니다.

왜 P파가 먼저 기록되고 나중에 S파가 기록되는 걸까요? 같은 곳에서 만들어졌지만 속도가 다르기 때문입니다. 즉 P파가 S파보다 빠릅니다. 그러니까 P파가 관측되면 사람들에게 지진이 왔다고 알려 줘야 합니다. 곧이어 S파가 와서 땅을 많이 흔들게 될 테니까요.

파동에는 종파와 횡파의 두 종류가 있습니다. 파동의 진동 방향과 파동이 나아가는 방향이 나란한 파동을 종파라고 하고, 두 방향이 서로 수직인 파동을 횡파라고 부릅니다. P파는 종파이고, 고체, 액체, 기체를 모두 지나갈 수 있습니다. 반면 S파는 횡파이고, 고체만 통과할 수 있습니다.

두 지진파의 속도는 얼마일까요? P파의 진행 속도는 초속 8km

정도이고 S파의 진행 속도는 초속 4km 정도입니다.

그렇다면 어떤 지진계에서 P파가 도착하고 3초 후에 S파가 도착했다면 진원까지의 거리는 얼마일까요?

이것은 방정식을 풀면 됩니다. 진원까지의 거리를 x(km)라고 하면 P파가 오는 데 걸린 시간은 $\frac{x}{8}$(초)이고 S파가 오는 데 걸리는 시간은 $\frac{x}{4}$(초)입니다. 둘 사이의 시간 차이가 3초이므로 $\frac{x}{4} - \frac{x}{8} = 3$입니다. 양변에 8을 곱하면 $x = 24$이므로 진원까지의 거리는 24km입니다.

지구의 구조

지구의 속과 사과의 속은 비슷하게 생겼습니다. 사과의 속처럼 지구의 속도 성질이 다른 몇 개의 층으로 나뉘어 있습니다. 바로 지각, 맨틀, 핵입니다. 이 사실을 처음 알아낸 사람은 유고의 지질학자인 모호로비치치입니다.

1909년 모호로비치치는 그리스에서 발생한 지진을 조사하고 있었습니다. 진원은 그리 깊지 않은 곳이었습니다. 그래서 지진파는 금방 진앙에 전해졌습니다. 이 지진은 진앙에서 아주 멀리 떨어진 곳에서도 관측되었습니다. 그런데 이상한 점이 있었습니다. 모호로비치치는 진앙에서 먼 곳에서 지진이 관측된 시각이 예상보다 빠르다는 사실을 파악했습니다. 그래서 그는 지진파가 어느 깊이부터는 갑자기 빨라진다는 것을 알아냈습니다.

단단한 막대를 때리면 파동이 더 빨리 전해집니다. 그러니까 모호로비치치가 발견한 그 깊이에서부터는 좀 더 단단한 물질들로 이루어져 있는 것입니다. 이 깊이를 경계로 바깥쪽을 지각, 안쪽을 맨틀이라고 합니다. 즉 지진파가 느린 곳이 지각, 빠른 곳이 맨틀입니다.

지각과 맨틀의 경계는 처음 발견한 모호로비치치의 이름을 붙여 모호로비치치면 또는 모호면이라고 부릅니다.

지각은 대륙이 있는 대륙 지각과 바다가 있는 해양 지각으로 나뉘는데, 대륙 지각의 두께는 35km 정도이고 해양 지각의 두께는 5km 정도입니다.

그 후 구텐베르크는 지구 속 2,900km지점부터 맨틀과 다른 물질로 구성된 지역이 존재한다는 것을 발견했습니다. 어떻게 찾았을까요?

두 개의 지진 관측소 중 바다에 떠 있는 관측소 B는 S파를 관측하지 못합니다. 그건 S파가 액체인 바닷물을 지나가지 못하기 때문입니다.

이때 S파가 안 온 이유는 무엇일까요? 그건 지구 속에 액체인 지역이 있기 때문입니다. 2,900km부터는 액체 상태의 물질이 있습니다. 이곳을 핵이라고 하는데, 핵은 다시 두 부분으로 나뉩니다.

2,900km부터 5,100km까지는 액체인데 이곳이 외핵이고 5,100km부터 지구 중심까지는 다시 고체 상태인데 이곳이 내핵입니다. 맨틀과 핵의 경계는 구텐베르크 면이라고 부릅니다.

외핵은 철과 니켈로 이루어져 있는데 온도가 높아 이들이 액체 상태로 존재하여 빙글빙글 돌고 있습니다. 니켈과 철은 금속이므로 자유 전자를 많이 가지고 있는데, 자유 전자들이 회전하면서 원형의 전류를 만들어 냄으로써 그 중심에 자기장이 생기게 됩니다. 이때 자기장의 방향은 남쪽이 N극이고 북쪽이 S극입니다. 따라서 지표에 있는 자석은 N극이 지구 속 자석의 S극을 향하는 방향을 가리키므로 북쪽을 나타내게 됩니다. 그러므로 외핵이 회전하지 않으면 전류가 안 생겨 자기장이 사라집니다. 그렇게 되면 태양에서 지구로 들어오는 아주 큰 에너지를 가진 입자들을 막지 못하게 되므로 지구의 모든 생명체는 죽게 됩니다.

그렇다면 지각, 맨틀, 핵 중에서 밀도가 가장 작은 곳은 어디일까요? 정답은 지각이 가장 작고 그 다음 맨틀, 그 다음 핵의 순입니다.

밀도란 단위 부피당 질량이므로 실제 물질의 가볍고 무거운 정도를 나타냅니다. 그러므로 지각이 맨틀 위에 떠 있으려면 지각의 밀도가 맨틀의 밀도보다 작아야 합니다. 마찬가지로 맨틀의 밀도는 핵의 밀도보다 낮습니다. 예를 들어 얼음이 물에 뜨는 이유는 얼음의 밀도가 물의 밀도보다 작기 때문입니다.

화산

마그마는 생성 위치에 따라 지각의 약한 부분을 뚫고 올라와 지하 수킬로미터에서 수십 킬로미터 깊이에 모여 있는 마그마 굄(마그마 챔버)을 만듭니다. 이 마그마 굄에서 마그마가 냉각되면서 휘

발성 성분이 증가합니다. 그 결과, 마그마 굄의 압력이 점점 높아
져서 그 위의 약한 부분을 뚫고 화산 활동을 일으킵니다.

그럼 화산에는 어떤 종류가 있을까요?

화산은 활동 정도에 따라 다음과 같이 세 종류로 나뉩니다.

활화산: 현재 활동하고 있는 화산

휴화산: 현재는 활동이 중지되었으나, 역사 시대 이후에 활동한
　　　　화산 (예: 한라산)

사화산: 화산임에는 틀림이 없으나, 역사 시대에 활동한 기록이
　　　　없는 화산 (예: 백두산, 울릉도 성인봉)

또한 활동 형태에 따라서는 다음과 같이 분류됩니다.

분출형 화산: 점성이 작아 유동성이 큰 현무암질 마그마가 조용
　　　　　　히 유출하는 평온한 형태의 화산 (예: 하와이섬의 화
　　　　　　산들)

폭발형 화산: 짙은 가스를 뿜으면서 폭발하여, 화산 쇄설물을 분

출하는 형태의 화산으로, 대개 안산암질 · 유문암질 마그마일 때 생깁니다. (예: 크라카토아 화산)

혼합형 화산: 폭발과 유출이 교대로 일어나는 형태의 화산으로, 용암과 화산 쇄설물이 교대로 쌓이는 성층 화산을 만듭니다. (예: 일본의 후지산)

열극형 화산: 화구를 통하지 않고 열극을 따라 분출하여 용암 대지를 이룹니다.

또한 화산 형태에 따라서는 다음과 같이 분류됩니다.

페디오니테: 점성이 작은 현무암질의 평탄한 용암 대지

아스피테: 점성이 작고 유동성이 큰 현무암질(염기성) 용암이 조용히 분출하여 만들어진 화산

톨로이테: 점성이 크고 유동성이 적은 유문암질(산성) 용암이 멀리 흐르지 못하고 화구 부근에 솟아오른 화산

벨로니테: 점성이 큰 용암이 탑같이 솟아오른 화산

코니테: 용암과 화산 쇄설물이 교대로 분출하여 만들어진 화산

화산이 분출되면 기체 상태의 화산 가스, 액체 상태의 용암, 고체 상태의 화산 쇄설물 등이 나옵니다. 화산 가스의 약 80% 이상은 수증기이며, 이산화탄소와 황화수소를 포함하고 있습니다. 용암은 마그마가 지표로 분출한 것을 말합니다.

이번에는 화산 지형에 대해 알아볼까요?

용암대지: 현무암질 용암이 다량으로 분출해서 흘러내려 만들어진 넓은 대지

화구: 용암의 분출이 멈춘 후 만들어진 구멍

칼데라: 화구가 함몰되어 화구보다 훨씬 커진 구멍

화구호: 화구에 물이 고여 만들어진 호수 (예: 백록담)

칼데라호: 칼데라에 물이 고여 만들어진 호수 (예: 천지)

기생화산: 큰 화산 활동이 끝난 후 화산체 주위의 산 경사에 분출이 일어나 생긴 소규모의 화산

온천: 지하수가 가열된 것으로 수온이 25℃ 이상인 것

간헐천: 수온이 100℃ 내외인 비등천 중에서 뜨거운 물과 수증기가 폭발하듯 주기적으로 분출하는 것

과학성적 끌어올리기

 이번에는 화산대에 대해 알아볼까요?

 지표에서 화산 활동은 태평양 주위와 지중해, 중앙아시아 지역에 좁은 띠 모양으로 집중되어 있습니다. 이러한 지대를 화산대라고 합니다. 현재 전 세계에서 활동하고 있는 화산은 약 800여 개이며, 그중 약 60%가 태평양 가장자리에 집중되어 있습니다. 또한 화산대와 지진대가 거의 일치하고 있음을 알 수 있습니다.

제3장

지구의 자전·공전에 관한 사건

지구의 자전 - **1초 빼기**

지구 자전의 효과 - **남반구에서 온 지구과학 선생님**

지구의 공전 - **지구가 움직인다고요?**

지구의 자전축 - **오움진실교의 자전축 사기**

1초 빼기

지구의 자전 속도가 달라지는 이유는 무엇 때문일까요?

"제가 나와 있는 이곳은 보신각종이 있는 종로입니다. 올해도 과학공화국의 보신각종은 2006년 한 해를 보내고 새해를 맞이하는 타종식을 위해 모든 준비를 마쳤습니다. 10분 후면 다사다난했던 2006년이 가고 2007년 새해가 올 것입니다. 이상 나기자입니다."

여러 방송국에서는 새해가 오는 것을 알리기 위해 보신각종에 기자를 보내서 똑같은 뉴스를 계속 내보냈다. 사람들은 타종을 보기 위해 보신각종 근처에 몰려들었고, 수많은 인파로 인해 사람의 물결을 이뤘다. 그 모습이 장관이었는지 세계 각지에서도 기자들이 와서 그 모습을 줄곧 카메라에 담아 냈다.

사람들은 새해를 맞이하는 기분을 만끽하기 위해 머리엔 하나같이 반짝이 머리띠를 했고, 그 모습은 마치 수많은 전구로 꾸며진 크리스마스트리를 보는 듯했다.

"조금만 있으면 2007년이구나. 올해는 취업을 못했는데 내년에는 꼭 취업을 하고 말 거야."

윤백수는 친구 정나미에게 굳은 다짐을 하며 말했다.

"나도 내년에는 근사한 남자 친구를 사귈 수 있기를 간절히 바라야지."

"하하하, 너 거울은 보고 다니냐?"

"죽을래?"

"아…… 아니야. 앗, 드디어 카운트다운을 시작할 건가 봐."

사람들의 웅성거림이 점점 줄어들었다. 커다란 전광판에 불이 들어왔다. 이윽고 전광판에 숫자 10이 나왔다. 전광판에 뜨는 숫자에 맞춰 그곳에 모인 사람들은 입을 모아 숫자를 외쳤다.

"10, 9, 8, 7, 6, 5, 4, 3, 2, 1."

드디어 2007년이 되었다. 수많은 폭죽이 밤하늘을 수놓았고, 사람들은 각자의 소원을 빌기 위해 눈을 감고 두 손을 꼭 모았다. 정나미는 소원을 빌고 나서 윤백수를 보았다. 윤백수는 옆에 있는 예쁜 여자를 보며 침까지 흘리고 있었다.

"으이그, 내가 이럴 줄 알았다."

정나미는 윤백수의 귀를 잡아 끌어당겼다.

"아야야, 이것 좀 놔 주라."

"넌 여전히 여자만 보면 침을 흘리는구나. 내가 못 살아."

그때 전광판에 노유현 대통령이 모습을 나타냈다.

"드디어 2007년이 되었습니다. 올 한 해도 우리 국민 모두가 행복한 해가 되었으면 좋겠습니다."

그곳에 모인 모든 사람들은 노유현 대통령의 등장에 환호를 하며 환영했다.

"국민 여러분, 그리고 이제 2007년 1월 1일이 되었기 때문에 모두 1초를 빼 주시기 바랍니다."

대통령의 폭탄 발언에 그곳에 모인 사람들은 무슨 소리냐며 외치기 시작했고, 그 외침은 거대한 파도가 되어 퍼져 나갔다.

"1초를 빼라니, 도대체 그게 무슨 말이야?"

"말도 안 돼. 왜 맘대로 1초를 빼라는 거야?"

정나미는 노유현 대통령의 말을 도저히 이해할 수 없었다. 거기에 모인 사람들도 마찬가지였다. 결국 대통령의 말을 이해하지 못한 수많은 사람들은 지구법정에 과학공화국 정부를 고소하였다.

지구의 자전 속도는 조금씩 느려져서 몇 년에 한 번씩
1초가 늦춰집니다. 바다가 만드는 마찰력이나 지진·해일
등의 충격이 지구의 회전 에너지를 줄이기 때문입니다.

지구의 자전 속도는 달라질까요?
지구법정에서 알아봅시다.

 재판을 시작합니다. 먼저 원고 측 변론하세요.

 지구는 하루에 한 바퀴를 돕니다. 그러니까 정확히 지구가 한 바퀴 빙그르 도는 데는 24시간이 걸린단 말이죠. 우리는 그 시간을 하루라고 정의합니다. 아무리 대통령이라 해도 이렇게 정해진 시간을 맘대로 빼라고 할 수는 없는 것 아닌가요?

 쉿! 그래도 대통령의 명령인데 조심해서 말하도록 합시다. 그럼 피고 측 변론하세요.

 지구 자전 연구소의 지도라 박사를 증인으로 요청합니다.

30대 남자가 빙글빙글 돌면서 법정 안으로 걸어 들어왔다.

 증인은 지구의 자전에 대해 연구를 하고 있지요?

 물론입니다.

 지구가 정말 돕니까?

 당연하죠?

 그런데 우리가 왜 지구에서 안 떨어지는 거죠?

 지구의 자전 속도가 그리 빠르지 않기 때문입니다. 만일 지구가 아주 빠르게 돈다면 사람도 바닷물도 지구 밖으로 밀려나가 우주 공간을 떠돌아다니겠지요. 하지만 다행히 지구의 자전 속도는 그 정도로 빠르지는 않습니다.

 좋아요. 그럼 본론으로 들어가서 정말 지구의 자전 속도가 달라집니까?

 물론이죠. 지구의 자전 속도는 조금씩 느려지고 있습니다. 그러니까 하루의 길이가 점점 길어지지요. 그래서 대통령이 말한 것처럼 몇 년이 지나면 1초를 빼 주어 시간을 맞춰야 합니다. 이 일초를 윤초라고 하지요.

 왜 지구의 자전 속도가 느려지는 거죠?

 그건 여러 가지 이유를 들 수 있습니다. 우선 지구는 고체 상태의 지각으로만 되어 있는 것이 아니라, 액체 상태의 바다로 덮여 있지요. 그런데 액체 상태의 물질은 고체 상태의 물질처럼 지구에 강하게 붙어 있는 것이 아니라 움직일 수 있습니다. 그러므로 이들의 움직임이 마찰력을 만들어 지구가 회전하는 에너지를 줄이는 역할을 하지요. 그렇기 때문에 지구의 자전 속도가 느려질 수 있는 것이지요. 또한 지진과 해일 등으로 지각에 충격이 가해지면서 이로 인해 지구가 회전하는 에너지가 줄어 지구의 자전 속도가 느려질 수 있습니다.

 그렇군요. 그렇다면 재판은 끝이 났네요. 그렇죠, 판사님!

 그런 것 같네요. 정부의 정책을 과학적 근거도 없이 무조건 비판만 하는 것은 옳지 않다는 것이 본 법정의 생각입니다. 앞으로는 정부의 시간 정책이 과학적으로 문제가 없다면 무조건 따라 주시기 바랍니다.

 ### 지구의 자전 속도가 빨라지고 있습니다

지구의 자전 속도가 점차 느려지고 있다가, 1999년부터는 빨라지고 있다고 미국 국립표준기술연구소(NIST)에서 발표했습니다. NIST의 시간 주파수 연구팀은 지난 1972년부터 1999년까지 지구의 자전 속도가 매년 대략 0.8초 정도씩 늦어져서 그것을 보상해 왔습니다. 27년간 지구 표준 시계에 추가한 시간은 모두 22초입니다. 그러나 지난 5년 동안은 시간을 추가할 필요가 없다고 밝혔습니다. 지구의 자전 속도 측정에 필요한 표준 시각은 세슘 원자시계로 정밀하게 측정합니다. 세슘 원자에서 방출된 빛의 고유 진동수가 91억 9천2백63만 1천7백70번 진동하는 데 걸리는 시간을 1초로 정의하고 있습니다. 시간 주파수 부서장인 톰 오브라이언 박사는 "지구 핵의 운동 변화, 해양 조류와 기후의 영향, 지구 형태의 변화가 지구의 자전에 영향을 미칠 수 있다"고 말했습니다. 그리고 오랫동안 지구의 자전 속도가 느려지고 있었는데, 1999년 이후 지난 5년 동안은 다시 빨라졌다고 지적했습니다.

남반구에서 온 지구과학 선생님

남반구와 북반구에서 세면대의 물이 빠져나가는 방향은 같을까요, 다를까요?

사건속으로

"이봐, 자네 이번에 북반구에 있는 노스중학교로
발령받았다면서?"

열심히 짐을 싸고 있는 추석부에게 교감 선생님
이 다가와 말을 걸었다.

"네, 이번에 발령받았습니다."

"잘됐군. 거긴 과학 영재만 모인다는 곳 아닌가? 우리 과학공화
국에서도 인정하는 중학교이니 자네의 꿈을 펼칠 수 있을걸세."

추석부는 서둘러 짐을 싸서 교무실에 있는 사람들에게 인사를
나누고 북반구로 향했다.

첫 수업 날, 다른 중학교와는 달리 이른 아침인데도 많은 학생들이 등교하여 조용히 자습을 하고 있었다. 추석부는 드디어 공부 잘하는 학생들을 만났다고 생각하고 종종걸음으로 교무실로 향했다. 교무실에도 많은 선생님들이 수업 자료를 준비하느라 분주했다.

"안녕하십니까? 이번에 남반구에서 발령받아 온 추석부라고 합니다."

"추석부? 출석부? 하하하, 아무튼 반갑네. 우리 중학교는 과학 영재를 많이 배출하는 곳이니 자네의 젊음을 불태우면 좋은 성과가 있을 거야."

"저도 그럴 생각입니다."

추석부는 이 학교에서 자신이 가지고 있는 모든 열정을 펼치리라 마음으로 다짐했다.

"자네는 1학년 과학 수업을 맡아 주면 된다네. 일단 오늘 1교시 수업이니 어서 서두르게."

추석부는 짧은 목례를 하고 자신의 자리로 가서 짐정리를 했다.

드디어 1교시를 알리는 종소리가 울렸다. 추석부는 출석부와 과학 책을 가지고 당당하게 1학년 3반 교실로 향했다. 추석부는 교실 문을 열고 안으로 들어가며 외쳤다.

"여러분, 반갑습니다. 오늘부터 여러분과 함께 즐거운 과학 여행을 떠날 과학 선생님 추석부라고 합니다."

하지만 반응은 썰렁하다 못해 추울 정도였다. 추석부는 영재들이 모여 있는 곳이라 다들 공부에만 집중하느라 그런다고 생각했다.

"인사는 이쯤에서 끝내고 바로 수업에 들어가겠습니다. 여러분, 화장실 세면대에서 물이 빠져나갈 때는 어느 방향으로 돌아갈까요?"

하지만 여전히 교실은 조용했다. 추석부는 식은땀을 흘리며 자신이 바로 대답했다.

"당연히 물이 빠져나갈 때는 시계 방향으로 돌아가죠."

추석부는 땀을 한 바가지나 흘리며 우여곡절 끝에 겨우 첫 수업을 마쳤다.

하지만 궁금한 건 못 참는 홍기심 학생이 하필이면 3반에 있었던 것이다. 홍기심은 수업을 마치자마자 화장실로 달려가 세면대에 물을 틀어 보았다. 그러나 물은 시계 반대 방향으로 돌아 빠져나가는 것이었다. 홍기심은 서둘러 교무실로 달려갔다.

"추석부 선생님, 선생님께서 저희에게 잘못 가르쳐 주신 게 있습니다."

수업에서 흘린 땀을 닦던 추석부는 깜짝 놀라며 홍기심을 쳐다보았다.

"선생님께선 세면대의 물은 시계 방향으로 빠져나간다고 하셨는데, 방금 화장실에서 해 보니 시계 반대 방향으로 돌아갔습니다."

"그럴 리가 없는데…… 그럼 우리 지구법정에 의뢰해 보자."

추석부는 당황한 듯 땀을 닦으며 홍기심에게 말했다.

물이 회전하면서 빠져나가는 것은 지구가 자전하면서
코리올리의 힘을 받기 때문입니다. 북반구에서는 시계 반대
방향으로, 남반구에서는 시계 방향으로 작용합니다.

여기는 지구법정

왜 세면대의 물이 추석부 선생님 말대
로 시계 방향으로 돌지 않았을까요?
지구법정에서 알아봅시다.

 재판을 시작합니다. 먼저 지치 변호사 의

견 말씀해 주세요.

 물이 세면대에서 빙글빙글 도는 게 어제

오늘 일입니까? 그 방향이 뭐가 중요합니까? 그저 돈다는 게

중요한 일이죠. 그런데 왜 도는 거죠?

 어이구! 저걸 변론이라고 하다니. 그럼 어쓰 변호사 변론하

세요.

 지구 자전 효과를 연구해 온 어쓰사이언대학의 코리올 박사

를 증인으로 요청합니다.

　머리가 돌돌 말려 있는 듯한 인도풍의 사나이가 증인석

으로 걸어 들어왔다.

 증인이 하는 일이 뭐죠?

 글쎄요, 별로 하는 일은 없는데요.

 그럼 여긴 왜 온 거죠?

 아, 이제야 기억이 납니다. 전 순간순간 기억상실증에 걸리는

버릇이 있어서요.

 뭐가 기억나죠?

 세면대 물이 돌아가는 방향에 대해 설명해 주러 온 게 맞아요.

 그렇군요. 그럼 왜 물이 빙글빙글 돌아서 하수구로 빠지는 거죠?

지구의 자전 때문입니다. 지구에서 운동하는 모든 물체는 자전의 영향을 받지요. 이렇게 지구 자전의 효과로 물체에 작용하는 힘을 '코리올리힘'이라고 부르지요. 그 힘이 물을 회전하게 만드는 것입니다.

 그 도는 방향이 다를 수도 있습니까?

 그렇습니다. 북반구에서 운동하는 물체는 운동 방향의 오른쪽으로 코리올리힘을 받고 남반구에서는 반대로 왼쪽으로 코리올리힘을 받습니다. 예를 들어 북반구에서는 적도에서 생긴 태풍이 위로 올라오면서 오른쪽 방향으로 작용하는 코리올리힘 때문에 오른쪽으로 휘어지지만 남반구에서는 반대로 왼쪽으로 휘어지지요. 마찬가지로 세면대로 흘러 들어가는 물도 북반구에서는 코리올리힘 때문에 오른쪽으로 휘어지면서 반시계 방향으로

코리올리

'코리올리 힘'으로 유명한 코리올리는 프랑스의 토목기사이며 물리학자입니다. 그는 프랑스 파리의 에콜폴리테크닉을 졸업하고 그 대학의 교수가 되었습니다. 1828년 회전좌표계에서 나타나는 겉보기 힘인 '코리올리 힘'을 도입했습니다. 일정하게 회전하고 있는 계에서는 회전 중인 물체에 원심력이라는 겉보기 힘이 생기지만, 만약 물체가 운동하고 있으면 원심력뿐만 아니라, 운동의 방향에 수직한 속도에 비례하는 힘이 생긴다는 것입니다.

돌고, 남반구에서는 시계 방향으로 돌지요.

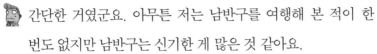 간단한 거였군요. 아무튼 저는 남반구를 여행해 본 적이 한 번도 없지만 남반구는 신기한 게 많은 것 같아요.

나도 그렇소. 우리 언제 한번 남반구 여행을 같이 갑시다. 그리고 남반구의 교사가 북반구로 올 때는 북반구에서 달라지는 과학적인 부분에 어떤 것이 있는지 정도는 조사하고 와야 하는 거 아닙니까? 그런 이유로 추석부 교사에게 한 달 동안 북반구 과학 캠프에 다녀올 것을 명령합니다.

지구가 움직인다고요?

우리는 왜 지구 밖으로 떨어지지 않을까요?

"이 세상에 있는 모든 과학적 사실은 다 쓰레기야.
내가 곧 길이요 진리이다. 왜냐하면 난 천재니깐."

나홀로는 늘 시끄러운 외침으로 하루를 시작했
다. 나홀로는 과학자였는데 늘 자신의 주장이 옳다고 생각하기 때
문에 많은 과학자들이 그를 싫어했다.

그는 결국 과학학회에서 추방됐다. 그래서 늘 집에서 혼자 실험
을 하고 자신이 세운 과학 지식을 검증하면서 그것을 이론으로 만
들었다. 그런 나홀로 과학자는 늘 아침만 되면 창문을 열어 놓고
자신이 위대하다고 큰 소리로 외쳤다. 그래서 이웃들의 원성이 자

자했지만 괴팍한 성격 탓에 이웃들은 아무 말도 못하고 그저 귀만 막았다.

"오늘 하늘에 구름이 낀 걸 보니 한차례 비가 쏟아지겠군. 이 사실을 이웃에게 알려줘야겠군. 역시 나는 더불어 사는 착한 과학자야. 암, 자고로 과학자라 함은 책상에 앉아 입으로만 말하는 것이 아니라 자연을 관찰하고 그걸 토대로 실험을 해서 찾아내는 것이 진정한 과학자지."

나홀로 과학자는 서둘러 옆에 사는 신경진 씨네 집에 갔다. 나홀로의 등장이 반갑지는 않았지만 보복이 두려워 웃으며 그를 맞이했다.

"안녕하십니까? 오늘 구름의 상태를 보니 비가 올 것 같으니 어서 빨래를 걷으세요."

"네? 이렇게 맑은 날에 무슨 비가 온다는 겁니까? 그리고 저 구름은 비구름이 아닌데요……."

순간 나홀로의 얼굴이 일그러졌다.

"지금 나같이 권위 있는 과학자의 말을 못 믿겠다는 겁니까?"

나홀로의 얼굴을 본 신경진은 순간 자신이 실수한 걸 알고 바로 수습에 들어갔다.

"아…… 아닙니다. 자세히 보니 비구름이 맞네요. 감사합니다. 어서 빨래를 걷어야겠군요."

신경진은 문을 닫고 안으로 들어갔다. 나홀로는 그제야 얼굴에

미소를 띠며 유유히 집으로 돌아갔다.

"오늘은 무엇을 연구해 볼까? 흠, 지구는 태양 주위를 공전하지. 그렇다면 높은 곳에서 공을 떨어뜨리면 지구가 움직인 만큼 다른 위치에 떨어지겠군. 한번 해 볼까?"

나홀로는 자신의 집 옥상에 공을 가지고 올라갔다. 나홀로는 숨을 깊게 들이 쉰 뒤 공을 떨어뜨렸다. 하지만 공은 자신이 떨어뜨린 곳에 그대로 떨어졌다. 고개를 갸우뚱하며 여러 번 공을 떨어뜨렸지만 공은 항상 아래로 바로 떨어졌다. 나홀로는 서둘러 신문사로 향했다.

"드디어 내가 엄청난 사실을 알아냈소. 그동안 모두가 알고 있던 지구가 태양 주위를 공전한다는 사실은 거짓이었소. 만일 지구가 움직인다면 공이 떨어지는 동안 지구가 움직였으므로 공이 바로 아래에 떨어지지는 않을 것이오. 하지만 공은 정확히 바로 아래 지점에 떨어졌소. 이것은 내가 실험으로 밝혀냈소. 그러므로 지구는 움직이지 않고 있는 게 틀림없소. 어서 이 사실을 신문에 게재해 주시오."

다음 날 신문에는 대문짝만 하게 나홀로가 주장한 '지구가 태양 주위를 공전하지 않는다' 는 기사가 실렸다. 그 사실을 알게 된 과학협회는 서둘러 그를 지구법정에 고소했다.

지구가 공전할 때는
지구상의 모든 것도 함께 움직입니다.

여기는 **지구법정**

왜 우리는 움직이는 지구에서
떨어지지 않고 살 수 있을까요?
지구법정에서 알아봅시다.

 재판을 시작합니다. 먼저 피고 측 변론하
세요.

 변론할 것도 없어요. 정지해 있는 책상에
공을 떨어뜨리고 공이 떨어진 위치에 X 표시를 해 보죠. 공을
떨어뜨리는 순간 책상을 밀면 공은 X 표시한 지점에 떨어지
지 않고 뒤에 떨어지잖아요? 그러니까 나홀로 박사의 실험대
로라면 지구는 움직이지 않는다는 게 증명된 거지요. 그렇지
않습니까? 판사님.

 원고 측 변론하세요.

 과학협회장인 지도라 박사를 증인으로 요청합니다.

검은색 정장 차림의 40대 남자가 증인석으로 천천히 걸어
들어왔다.

 지금 피고 측 변론에 대해 어떻게 생각하십니까?

 어림 반 푼 어치도 없는 궤변입니다.

 그 이유는 뭐죠?

우리가 정지해 있는 배의 돛대에서 돌멩이를 떨어뜨리면 돌멩이는 돛대 바로 밑으로 떨어지죠? 이 배가 일정한 속도로 움직일 때 똑같은 실험을 하면 역시 돌멩이는 돛대 바로 밑으로 떨어져요. 따라서 지구가 배처럼 일정한 속도로 움직이고 있다면 지구 위의 탑에서 떨어뜨린 돌멩이도 바로 밑으로 떨어져야 합니다. 이것은 지구만 움직이고 있는 것이 아니라 떨어지는 돌멩이도 수평 방향으로 지구와 똑같은 속력으로 움직이기 때문이지요.

아하! 그럼 지구가 태양 주위를 일정한 속력으로 돌고 있기 때문에 그렇다는 것이군요.

지구가 태양 주위를 도는 궤도는 실제로는 타원이라 공전 속도가 완전히 일정하지는 않지만 원에 가까운 타원이므로 지구의 공전 속도가 거의 일정하다고 가정해도 무리는 없을 것입니다.

그럼 판사님 판결 부탁드립니다.

 지구 공전과 도플러 효과

도플러 효과라는 것은 동일한 파장에 대해 어떤 물체가 파원에 접근할 시에는 그 파장이 짧아져 보이고 그 물체가 파장의 파원으로부터 멀어질 때는 그 파장이 길어 보이는 현상을 뜻합니다. 지구가 공전하는 것에 대해서 그 공전 방향에 있는 행성들에 전파를 쏘아 보냈다가 받으면 지구의 공전 속도가 더해지므로 돌아오는 파장은 원래의 파장보다 더 짧게 나타날 것입니다. 이 방법을 이용하여 지구가 공전한다는 것을 확인할 수 있습니다.

판결하겠습니다. 결국 이 사건은 나홀로 박사의 착각이 일으킨 사건이었다고 볼 수 있습니다. 새로운 것을 찾아보겠다는 과학자의 생각은 존경할 만하지만, 어떠한 이론을 주장하기에 앞서 우선 과학적으로 모순이 없는지를 살펴보는 자세가 중요하다는 것을 이번 재판을 통해 배울 수 있었을 것입니다.

오움진실교의 자전축 사기

지구의 자전축이 기울어져 있다는 것을 어떻게 알 수 있을까요?

사건속으로

"드디어 종말의 날이 왔습니다. 어서 빨리 오움진실교를 믿고 따라야 지금 다가오는 종말에서 살아남을 수 있습니다."

"지구는 멸망할 것입니다. 모두가 죽지만 오움진실교를 믿으면 그 죽음을 이기고 살아날 수 있습니다. 오움진실교를 믿으세요."

요즘 거리에는 오움진실교를 믿으라며 선교 활동을 하는 사람들로 넘쳐났다. 오움진실교는 지구의 자전축이 점점 돌아서 지금은 똑바로 섰다고 주장하는 종교 단체이다. 그래서 지구엔 멸망이 올 것이고, 오움진실교를 믿어 천국으로 가야 한다고 했다. 그들의 주장은 설득력이 있어서 많은 사람들이 오움진실교에 심취했고, 그 수는 점점 더 늘어났다.

"나 우세인을 믿고 따르라. 그리하면 너희에게 영생과 평안을 줄 것이다."

"오움! 오움!"

사람들의 외침이 오움진실교의 예배당에 가득 찼다. 그 소리만으로도 신도의 수가 엄청나다는 것을 알 수 있었다. 예배당에서 예배를 드리는 사람들은 다양한 직업을 가지고 있었다. 자영업자, 의사, 변호사 심지어 국회의원까지 오움진실교에 등록되어 있었다. 그만큼 오움진실교는 세상에 많은 영향력을 끼칠 수 있었던 것이다.

안순박 씨도 시골까지 그 세력을 넓힌 오움진실교의 선교 활동에 넘어가 오늘 처음으로 예배당에 나오게 되었다. 안순박 씨는 엄청난 규모의 예배당과 수많은 신도들의 모습에 압도당했다.

"안순박 성도여, 이곳이 바로 새로운 왕국을 건설할 신성한 예배당입니다. 이곳에서 오움진실교의 교주 우세인을 믿고 따르기만 하면 영원한 생명을 얻을 수 있습니다. 일단 예배를 드리기 위해선 치성을 드려야 하니 조금의 돈이 필요할 것입니다."

"치성? 그건 무엇입니까?"

"치성은 우세인 교주님께서 직접 안순박 씨의 조상들에게 제사를 드려 안순박 씨의 앞길을 탄탄대로처럼 모든 일이 만사형통하도록 도와 주는 일종의 제사입니다."

"그런데 지금 지구의 종말이 온다고 하지 않았습니까? 그런데 저의 앞길이 있습니까?"

"험험, 우세인 교주님께서 당신에게 영원한 생명을 줄 것이기 때문에 그것까지는 걱정하지 마세요."

안순박 씨는 사람을 잘 믿는 탓에 금방 오움진실교에 빠지게 되었다. 안순박 씨와 같은 사람들이 점점 늘어가자 과학협회와 종교 단체에선 더 이상 가만히 있다간 지구공화국 전체가 오움진실교로 인해 혼란스러워질 것이라 생각하고 드디어 조사에 들어갔다.

과학협회에서는 지구의 자전축이 어떻게 똑바로 서냐고 주장했고, 종교 단체에서도 더 이상 많은 수의 신도를 빼길 수 없다며 오움진실교의 교주 우세인과 오움진실교를 지구법정에 고소했다. 그 소식은 신문의 일면에 실릴 정도로 큰 논쟁거리였다. 지구법정에서 과연 누구의 손을 들어 줄지 사람들의 관심이 집중되었다.

지구의 자전축이 기울어져 있기 때문에 때에 따라
햇빛을 받는 양이 달라집니다.
그래서 계절의 변화가 생기는 것입니다.

지구의 자전축은 서 있을까요? 기울어져 있을까요?

지구법정에서 알아봅시다.

 판결을 시작하겠습니다. 피고 측, 변론하세요.

 지구의 자전축이 기울어져 있다는 것은 코흘리개도 다 아는 사실입니다. 하지만 자전축이 똑바로 섰다니, 그게 정말인지 알 수는 없지만 저는 어쨌든 피고 측 변호사이기 때문에 똑바로 섰다고 주장합니다.

 이상한 변론이군요. 좀 성의 있게 할 수 없나요? 다음 원고 측, 변론하세요.

피고 측의 변론처럼 자전축이 기울어져 있다는 것은 어린 아이들도 다 아는 사실입니다. 하지만 어떻게 기울어져 있다는 것을 증명할 수 있을까요? 최고대학 지구환경과학과 지고본 교수를 증인으로 요청합니다.

지구본을 든 대머리 지고본 교수가 증인석에 앉았다.

 지구의 자전축은 무엇입니까?

 지구는 한 직선을 중심으로 도는데, 그 직선을 자전축이라고 합니다.

지구본을 볼 때 지구가 기울어져 있는데 실제로도 그렇습니까?

우리가 '기울어져 있다' 혹은 '서 있다' 라고 하는 것은 태양을 중심으로 말하는 것입니다. 지구의 자전축은 태양을 중심으로 보았을 때 약 23.5°로 기울어져 있습니다.

자전축이 기울어져 있을 때 나타나는 특징은 무엇입니까?

가장 큰 특징은 계절의 변화입니다.

왜 계절이 변하는 것이죠?

자전축이 기울어진 상태로 지구가 공전할 경우 각 지점마다 지구가 받는 햇빛의 양이 달라집니다.

조금 이해하기 어려운데요.

간단한 예로 샤워기에 물을 틀고 고개를 앞으로 숙였을 때와 와 뒤로 기울였을 때 머리에 물을 맞는 정도가 다릅니다.

물이 햇빛이고 머리가 지구겠군요.

그렇습니다. 지구가 태양을 중심으로 공전할 때 자전축이 기울어져 있기 때문에 위치에 따라 고개를 앞으로 숙이고 뒤로 기울이는 것처럼 되고 따라서 어느 위치에 있느냐에 따라 받

는 햇빛의 양이 달라지는 것입니다.

 햇빛의 양의 변화와 계절의 변화는 무슨 관련이 있는 것이죠?

 햇빛에는 지구의 공기를 따뜻하게 하는 에너지가 있습니다. 햇빛을 많이 받으면 기온이 올라가고 햇빛을 적게 받으면 기온이 내려가겠죠. 기온의 변화로 계절의 변화가 생기는 것입니다.

 만약 자전축이 똑바로 서 있다면 어떤 변화가 오게 될까요?

 계절의 변화가 없을 것입니다. 기울여지지 않고 일자로 서 있을 경우 어느 위치를 가든 똑같은 햇빛의 양을 받을 것입니다.

 만약 오움진실교의 주장대로 지구의 자전축이 똑바로 서 있다면 계절의 변화가 없어야 할 것입니다. 그러나 지금도 지구에는 계절의 변화가 일어나고 있습니다. 따라서 지구의 자전축이 똑바로 서 있다는 오움진실교의 주장은 거짓입니다.

 판결합니다. 지구의 자전축이 기울어져 있는 상태에서 태양의 주위를 공전할 경우 각 공전 위치마다 받는 햇빛의 양이 달라져 계절의 변화가 생기는 것입니다. 만약 자전축이 기울여져 있지 않다면 어느 공전 위치를 가게 되더라도 지구가 받는 햇빛의 양은 변하지 않기 때문에 계절의 변화는 일어나지 않을 것입니다. 그러나 지금도 지구에는 계절의 변화가 계속해서 일어나고 있습니다. 따라서 지구의 자전축은 여전히 기울어져 있음을 판결합니다.

판결 후, 오움진실교의 신도들은 점점 줄어들었고 엎친 데 덮친 격으로 오움진실교의 비리들이 파헤쳐지면서 교주와 그 관계자들은 또 다른 재판을 받게 되었다.

지구의 공전

지구를 포함한 모든 행성은 모두 태양을 중심으로 일정한 거리를 유지하면서 일정한 주기로 공전을 계속하고 있습니다. 공전의 방향은 모든 행성이 같으며 지구의 자전 방향과 같이 '반시계 방향' 입니다. 그리고 공전 궤도의 모양은 원이 아니라 타원입니다. 지구의 공전 주기는 얼마일까요?

지구가 공전하여 완전히 출발점으로 되돌아올 때까지의 시간이 1년이며, 정확히는 365.24219일입니다. 1일 미만의 시간이 4년 동안 축적되면 1일이 되므로 4년마다 1년을 366일인 '윤년' 으로 합니다. 그래도 오차가 나므로 서기년이 400으로 나누어지는 해를 윤년으로 추가합니다. 이렇게 해도 3,300년에 1일의 오차가 생긴다고 합니다.

지구의 공전 궤도를 '황도' 라고 부릅니다. 우리는 지구 위에 살고 있기 때문에 황도를 볼 수는 없고, 다만 지구를 둘러싸고 있는 천구 상의 성좌 위에 지구의 그림자를 투영했을 때의 흔적으로 알수 있습니다. 방 안에 촛불이 있고 촛불 주위를 공이 돌고 있다면 공의 운동은 벽에 나타난 공의 그림자로 표시할 수 있습니다. 태양은 촛불이고 벽이 천구의 성좌라 생각하면, 성좌 위에 지구의 궤적을 그릴 수 있을 것입니다. 즉 태양과 지구의 중심을 연결하는 직선이 성좌와 만나는 곳을 확정 지을 수 있습니다.

지구는 하루에 약 1도 태양 주위를 타원 궤도로 돌기 때문에 지구와 태양 사이의 거리는 지구의 위치에 따라 일정하지 않습니다. 그러나 그 평균적인 거리는 산출할 수 있으며 지구-태양 간의 평균 거리를 1 천문단위(AU)라 하여 천문학에서 거리를 재는 데 많이 사용합니다. 1AU는 149,597,870km입니다.

지구의 공전 속도는 얼마일까요? 황도 상에서의 지구의 공전 속도는 황도가 타원이기 때문에 일정하지 않습니다. 지구가 태양에 가장 가까워졌을 때 가장 빠르고, 지구가 태양에서 가장 멀어졌을 때 가장 느립니다. 이것을 '케플러의 법칙'이라고 하는 데, 이런 달라지는 속도를 평균하면 지구의 평균 공전 속도는 약 초속 30km의 아주 빠른 속도가 됩니다.

지구의 자전

천구가 1일을 주기로 회전하는 것처럼 보이는 운동을 일주 운동이라고 부릅니다. 이것은 지구가 서에서 동으로 자전하기 때문에 나타나는 방향입니다. 일주 운동의 방향은 지구의 자전과 반대입니다.

이때 별의 일주 운동을 나타내는 동심원을 일주천이라고 부릅니다. 이 모든 동심원의 중심은 바로 북극성입니다.

모든 별의 일주천은 항상 적도와 평행합니다. 이렇게 별의 운동을 관찰하면 다음과 같이 세 종류가 생기게 됩니다.

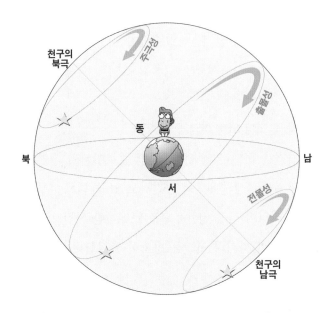

주극성: 항상 지평선 위에서만 회전하므로 어느 때이고 밤이면
　　　　볼 수 있는 별

출몰성: 동쪽에서 떴다 서쪽으로 지는 별

전몰성: 항상 볼 수 없는 별

위도에 따른 별의 일주 운동은 어떻게 될까요?

우선 극지방에서는 모든 천체들의 일주권이 지평선에 나란하지 않습니다. 그리고 적도 지방에서는 모든 별들이 지평선과 수직을 이루며 지고 뜹니다.

그리고 중위도 지방에서는 모든 천체들이 주극성, 출몰성, 전몰성으로 구분되며 지평선 위의 일주권이 지평선과 적당한 각도로 기울어집니다.

그렇다면 하루의 길이는 어떻게 될까요?

지구는 자전을 하면서 약 1억 5천만 킬로미터의 거리에 떨어져 있는 태양의 주위를 1년에 1회 공전하고 있습니다. 하루의 길이를 측정하려면, 태양이 남중(정확히 남쪽에 오는)한 시간으로부터 다음 날 다시 남중할 때까지의 시간을 정확히 측정합니다. 이렇게 측정

한 하루의 길이는 연중 꼭 같지 않고, 계절에 따라 다릅니다. 그 이유는 지구의 공전 궤도가 원이 아니고 타원이기 때문인데 태양에 가까울 때는 멀 때에 비해 지구의 공전 속도가 더 빠르며, 이 때문에 태양의 남중하는 시간이 달라지는 것입니다. 1년을 통해 하루의 길이를 평균한 것을 '평균 태양일' 이라 하며, 이것은 정확히 24시간 3분 36.6초입니다. 하루의 길이를 태양을 기준으로 하여 측정하지 않고 태양계 밖의 아주 먼 곳에 있는 어떤 항성을 기준으로 할 때는 하루의 길이가 태양일과는 다릅니다. 이것을 '항성일' 이라 합니다. 평균 태양일보다 약 4분 정도 짧고, 정확히 23시간 56분 4.1초입니다.

지구가 자전하는 증거로는 어떤 것이 있을까요?

'푸코의 진자' 라는 것이 있습니다. 이것은 길이 67m, 지름 30cm, 무게 28kg인 진자인데 북반구에서는 지구가 서에서 동으로 자전하기 때문에 지구 자전 방향과 반대 방향으로 진동 방향이 회전합니다. 이것은 지구가 자전하기 때문에 일어나는 현상입니다.

또 다른 증거로는 인공위성의 궤도가 시간이 지남에 따라 서쪽으로 이동해 가는 현상이고, 자유 낙하하는 물체가 낙하 예상 지점보다 동쪽으로 치우쳐 떨어지는 것도 지구가 자전하는 증거입니다.

그 외에도 지구 자전의 증거로는 밤과 낮이 만들어지고, 별이 일주 운동을 하며, 지구가 적도 쪽이 불룩하게 튀어나온 타원 모양이라는 것 등을 들 수 있습니다.

제4장

지질시대에 관한 사건

고생대 – 최초의 음식

육식 공룡 – 쥐라기 공원에 웬 티라노사우루스?

초식 공룡 – 크다고 다 육식 공룡은 아니죠

다양한 공룡 – 작아서 귀여운 공룡

익룡 – 하늘을 나는 익룡

화석 – 석탄과 석유

지질시대와 생물 – 인류의 등장

최초의 음식

우리 밥상에 놓이는 음식 중 지구상에서 가장 오래된 것은 무엇일까요?

"이 집 음식이 그렇게 맛있다며?"

두 회사원이 한 음식점 앞에 서서 대화를 나누고 있었다.

"그래, 개업한 지 한 달도 안 됐는데 벌써 이 동네에 소문이 자자한가 봐. 고살희 할머니의 손맛이 일품이라던데…… 자네는 먹어 봤나?"

"당연히 안 먹어 봤지. 근데 그렇게 맛있어? 오호, 그럼 정말 맛있다는 거군. 근데 고살희 할머니네 식당의 주 메뉴가 뭔가? 정말 궁금한걸."

"하하하, 저기에 붙어 있는 플래카드가 안 보이나?"

한 남자가 손짓한 곳에 플래카드가 펄럭이고 있었다. 그곳엔 큼지막하게 '지구 최초의 음식 고사리'라고 쓰여 있다.

"지구 최초의 음식 고사리? 지구에 최초로 나온 음식이 고사리인가?"

"글쎄, 나는 잘 모르겠는데…… 아무튼 사람들이 저렇게 줄을 서서 기다리는 걸 보니 맛 하나만은 보장할 수 있을 거야. 어서 들어가자고."

"그래, 어디 한번 지구 최초의 음식을 먹어 볼까나?"

두 사람은 서로를 재촉하며 사람들이 길게 늘어선 줄 맨 뒤로 가서 손을 녹이며 섰다. 그 모습을 한 남자가 유심히 지켜보고 있었다. 그 남자는 고사리 음식점 바로 옆에서 김치찌개 장사를 하는 김치국이었다.

"흥, 어디서 감히 굴러 들어온 돌이 박힌 돌을 빼려고 그래. 오호, 지구 최초의 음식이 고사리라고? 하하하. 지나가는 개가 웃겠다. 두고 보자."

김치국은 이를 갈며 자신이 운영하는 가게 안으로 문을 박차고 들어갔다.

"오늘이 마지막 날인 줄 알아라. 하하하."

김치국은 가게에서 서둘러 종이 몇 장을 움켜쥐고 긴 줄이 늘어서 있는 고살희 할머니가 운영하는 음식점으로 당당하게 걸어갔다.

김치국은 있는 힘껏 가게 문을 열어젖히고 한껏 폼을 잡고 섰다.

"여기서 식사하고 계신 분들은 모두 속은 겁니다. 간단하게 생각해 보세요. 공룡도 모두 멸종되고 없는 21세기입니다. 그런데 어찌 지구 최초의 음식인 고사리가 아직도 있겠습니다. 이건 순전히 돈을 벌기 위해서 유언비어를 퍼뜨리고 있는 겁니다."

"저 망할 놈이 뭐라고 하는 거여?"

안에서 음식을 하고 있던 고살희 할머니는 국자 하나를 들고 뛰쳐나오며 외쳤다.

"고사리가 고생대에 있었던 식물이란 건 모르는 사람이 없는데, 어디 남의 장사집에 와서 행패여! 망할 놈."

"하하하, 고생대의 식물이 아직까지 살아 있다는 게 말이나 됩니까?"

"아니 이놈이, 그래도! 그렇게 억울하면 지구법정에 가서 따져 보자고."

"그럼 내가 무서워할 줄 알고? 저도 원하던 바예요. 지구법정에 가서 보자고요."

그리하여 김치국과 고살희 할머니의 신경전은 법정까지 가게 되었다.

고생대에는 기후가 온난하여 삼엽충, 완족류,
양치식물 등 많은 생물들이 생겨났습니다.
고사리는 양치식물에 속합니다.

여기는 지구법정

고생대에 살았던 생물에는 어떤 것이 있을까요?
지구법정에서 알아봅시다.

 판결을 시작하겠습니다. 피고 측, 변론하세요.

 우리가 잘 알다시피 공룡은 이미 멸종되어 화석으로나 볼 수 있는 존재입니다. 공룡 이외에도 고대에 살았던 삼엽충이나 암모나이트 등도 이미 멸종되어 화석으로밖에 볼 수 없습니다. 따라서 고생대에 고사리가 있었다는 것도 의심스럽지만 만약에 있다 하더라도 지금까지 살아서 이어져 살아왔다는 것은 있을 수 없는 일이라고 주장합니다.

 원고 측, 변론하세요.

 고생물 전문가 왕안경 박사를 증인으로 요청합니다.

얼굴의 반을 가릴 정도로 큰 안경을 쓴 왕안경 박사가 증인석에 앉았다.

 고생대는 언제입니까?

 고생대는 약 5억 8천만 년 전부터 약 2억 3천만 년 전까지의 시대를 말합니다.

 고생대의 특징은 무엇입니까?

 고생대에는 기후가 온난하여 갑자기 많은 생물들이 지구상에 등장하였습니다. 그리고 식물의 번성으로 인해 산소가 많이 생겨 바다 밖으로 나오는 동물들이 생겼습니다.

 고생대에 살았던 대표적인 생물들은 무엇이 있나요?

 삼엽충을 들 수 있습니다. 그리고 조개류와 비슷한 완족류와 양치식물도 대표적인 생물이죠.

 양치식물은 무엇인가요?

 고사리와 같은 식물을 말합니다. 잎은 뾰족하면서도 길고 잎 뒤에는 씨를 퍼트리는 주머니가 달려 있습니다. 고사리 이외에도 고비, 고란초 등이 있습니다.

 양치식물은 고생대에 나타났으며, 동물이 바다에서 밖으로 나올 수 있게 산소를 만들어 주었습니다. 고사리는 양치식물에 속하므로 따라서 고생대 식물임을 주장합니다.

 판결합니다. 고사리는 양치식물에 속하며 양치식물은 고생대에 나타난 최초의 식물입니다. 그러나 고사리를 언제부터 사람이 먹게 되었는지는 확실하지 않습니다. 음식이라는 것은

라이엘

라이엘은 영국의 지질학자로 자연 작용의 제일설로 근대 지질학의 기초를 이룩하였습니다. 라이엘은 프랑스 파리 분지의 조개 화석을 연구하여 신생대를 에오세 · 마이오세 · 플라이오세로 3분하는 지질 연대 구분을 제창하였습니다.

주요 저서인 《지질학 원리The Principles of Geology》(1830~1833)는 당시 지질학계에 커다란 영향을 끼친 명저로 일컬어집니다.

사람이 먹는 것을 뜻하므로, 따라서 지구 최초의 음식이라는 말은 무리가 있다고 판결합니다.

판결 후 '지구 최초의 음식 고사리' 라는 문구 대신 '지구 최초의 식물 고사리' 라는 문구로 바꾸었고 고살희 할머니의 손맛은 여전히 소문이 자자해 손님이 끊이지 않았다.

쥐라기 공원에
웬 티라노사우루스?

티라노사우루스는 어느 시대에 살았을까요?

"컷!"

심행래 감독의 우렁찬 소리가 세트장 안에 울려 퍼졌다.

"수고하셨습니다."

연기자들은 심행래 감독에게 인사를 하고 정리하기 시작했다. 심행래 감독은 자신이 쓰고 있던 선글라스를 벗으며 이마에 맺힌 땀을 닦아냈다.

"안녕하세요? 〈섹션 TV 연예야 놀자〉에서 나온 리포터 강윤미입니다."

"안녕하십니까? 그런데 여긴 무슨 일로……."

"네, 오늘 〈쥐라기 공룡 공원〉을 만들고 계시는 심행래 감독님과 〈괴물은 내 운명〉을 제작하고 계시는 봉춘호 감독님을 모시고 인터뷰를 좀 하고 싶습니다."

심행래 감독의 표정이 일그러졌다. 봉춘호 감독은 대학교 동아리 시절부터 라이벌이었던 자였다. 항상 자신의 작품을 비평하고 꼬투리를 잡아 망신을 줬기 때문에 늘 봉춘호 이야기만 나오면 자연스레 얼굴이 일그러졌다. 하지만 강윤미는 웃으며 봉춘호 감독을 모시고 왔다.

"험험, 오랜만이군. 이게 몇 년 만인가?"

"허허, 대학교 이후론 처음인가?"

"두 분이 아는 사이십니까?"

"하하하, 알다마다요. 나랑 봉춘호는 대학교 때부터 절친한 친구 사이입니다."

"맞습니다. 심행래는 그때도 감독으로서의 자질이 충분히 있었지요."

심행래 감독과 봉춘호 감독은 어색한 미소를 지으며 서로를 추켜세웠다.

"아, 그렇군요. 그럼 정말 다행이네요. 두 분이 모르는 사이면 인터뷰가 어색할 뻔했는데…… 정말 다행이군요."

아무것도 모르는 강윤미는 손뼉을 치며 기뻐했다.

"자, 그럼 이제부터 인터뷰를 하겠습니다. 우선 심행래 감독님께 여쭤 보겠습니다."

"질문하십시오. 성심성의껏 대답해 드리겠습니다."

"이번에 제작 중인 〈쥐라기 공룡 공원〉에 대한 기대가 엄청나다고 들었습니다. 이에 대해서 어떻게 생각하십니까?"

"하하하, 제가 그동안 제작했던 〈티라노의 손톱〉과 〈용대가리〉가 많은 인기를 얻어서 아마 차기작인 〈쥐라기 공룡 공원〉에 대한 기대도 크다고 생각이 듭니다. 아무튼 기대해 주시는 관객 여러분께 부끄럽지 않은 영화로 찾아뵙겠습니다."

"네, 그렇군요. 그렇다면 〈쥐라기 공룡 공원〉이 어떤 영화인지 줄거리를 이야기해 주시겠습니까?"

"〈쥐라기 공룡 공원〉은 공룡의 이야기를 환상적으로 표현한 작품입니다. 특히 컴퓨터그래픽의 진수를 보실 수 있을 것입니다. 이 영화의 하이라이트는 티라노사우루스가 초식 공룡을 공격해서 잡아먹는 장면입니다. 그 부분을 보시면 아마 우리나라의 영화가 얼마만큼 발전했는지를 알 수 있을 것입니다."

"하하하, 자네 방금 뭐라고 했나? 티라노사우루스가 어떻게 쥐라기 시대에 있다고 주장하는가? 티라노사우루스가 쥐라기 시대에서 초식 공룡을 공격한다니, 자네 지금 제정신인가? 티라노사우루스는 백악기 시대 공룡일세."

봉춘호 감독은 어이없다는 듯 심행래 감독에게 이야기했다.

"티라노사우루스는 분명 쥐라기 시대 공룡일세."

"아니야. 어떻게 공룡이 어느 시대인지도 모르고 영화를 만든다고 할 수 있나."

"뭐라고? 좋아. 그럼 법정에서 누가 맞는지 가려 보세. 각오 단단히 해야 할 거야."

"하하하, 내가 기죽을 줄 알고! 좋아, 어디 법정에서 보세."

결국 티라노사우루스가 어느 시대 공룡인지에 대해서는 지구법정에서 다루어지게 되었다.

공룡이 살았던 중생대는 트라이아스기, 쥐라기,
백악기로 나뉩니다. 백악기에는 티라노사우루스처럼
덩치 큰 육식 공룡이 많았습니다.

티라노사우루스는 어느 시대 공룡일
까요?
지구법정에서 알아봅시다.

 피고 측, 변론하세요.

 공룡은 파충류의 일종으로서 중생대에 많

이 살았으나 중생대 말에 이르러 멸종했

습니다. 멸종한 원인은 몇 가지로 추측될 뿐 아직까지 정확히

밝혀지지 않았습니다. 가장 유력한 추측설은 '운석 충돌설'입

니다. 운석이 지구와 충돌하면서 환경이 심하게 변하고 그 환

경에 적응하지 못한 공룡들이 멸종했다는 것입니다. 공룡은

중생대에 살았던 동물이므로 티라노사우루스가 초식 공룡을

잡아먹는 것은 이상하지 않습니다.

 피고 측 변호사, 우리는 지금 티라노사우루스가 쥐라기 때 살

았느냐를 따져야 하는데 티라노사우루스가 초식 공룡을 잡아

먹고 살았다는 것이 맞다고 주장하는군요.

 아, 그렇습니까?

 앞으로는 논쟁의 핵심을 잘 파악하도록 하세요. 원고 측, 변

론하세요.

 공룡 전문가 용용이 박사를 증인으로 요청합니다.

공룡 캐릭터가 그려져 있는 옷을 입은 용용이 박사가
증인석에 앉았다.

🧢 공룡은 언제 살았던 동물입니까?

🗣 공룡은 약 2억 4,500만 년 전에 나타나 약 6,500만 년 전에
갑자기 지구상에 사라졌습니다. 즉, 중생대에 살았다고 보면
됩니다.

🧢 중생대에 살았다고 하는데 쥐라기, 백악기는 무슨 말이죠?

🗣 중생대를 또 다시 나눈 것입니다. 중생대는 트라이아스기, 쥐
라기, 백악기로 나눌 수 있습니다.

🧢 그러면 각 시기마다 살았던 공룡들도 다릅니까?

🗣 그렇습니다. 트라이아스기에는 주로 작은 공룡들이 살았고
쥐라기에는 공룡의 전성기라고 할 만큼 많은 종류의 공룡들
이 살았습니다. 그리고 백악기에는 쥐라기보다 더 큰 육식 공
룡들이 나타났죠.

🧢 그렇다면 티라노사우루스는 언제 나타난 공룡입니까?

🗣 백악기 중기입니다. 티라노사우루스는 몸길이가 12m 정도나
되는 큰 육식 공룡이었습니다.

🧢 그렇다면 티라노사우루스가 등장하기 전에는 큰 육식 공룡이
없었나요?

🗣 아닙니다. 쥐라기 중간에 나타납니다. 대표적인 예로 알로사

우루스를 들 수 있는데 몸길이가 11m이니 티라노사우루스만
하죠?

 육식 공룡은 쥐라기에도 있었지만 티라노사우루스의 경우 백
악기 중기에 나타났으므로 쥐라기에는 티라노사우루스가 없
었다고 주장합니다.

 판결합니다. 중생대 전반에 걸쳐 육식 공룡은 있었으나 원고
측이 주장한 대로 티라노사우루스는 백악기의 공룡이므로 쥐
라기를 배경으로 하는 영화에는 출연하는 것이 맞지 않다고
선고합니다.

판결 후, 심행래 감독은 〈쥐라기 공룡 공원〉이라는 영화 제목을
〈공룡 시대 공원〉으로 바꾸었고 이후 영화는 큰 흥행을 하였다.

 영화 〈쥐라기 공원〉

마이클 크라이튼의 베스트셀러가 원작이고, 영화의 귀재 스티븐 스필버그가 감독을 맡은 영화 〈쥐라
기 공원〉에서 6,400만 년 전 사라진 중생대의 공룡들이 스크린 위에 고스란히 부활하자 사람들은
열광하기 시작했습니다. 영화는 〈타이타닉〉이 개봉되기 전까지 100년 영화 역사상 가장 많은 사람
들이 본 영화로 기록되었고, 공룡을 다시 살려내는 일이 과연 가능한가에 대한 열띤 논쟁을 불러일
으켰습니다. 그러나 관객들이 다시 살아난 공룡들에 열광한 나머지, 이 영화가 본래 하고자 했던 이
야기는 별로 주목받지 못하게 됐습니다. 그것은 원작의 의도를 충분히 살리지 못한 영화 자체에도
책임이 있습니다. 이 영화의 주제는 '쥐라기 공원'이 과연 가능한가 하는 점입니다. 공룡들을 다시
살려 내는 문제가 아니라, 철저히 고립된 세계에서 우리들이 만들어 낸 공룡들을 완벽히 통제하는
일, 과연 그것이 가능할까요? 쥐라기 공원을 운영하는 일은 공룡들을 다시 살려내는 문제와는 별개
의 것이기 때문입니다. 영화는 스스로 번식하여 통제 불가능하게 되어 버린 공룡들의 반란을 통해
'쥐라기 공원'은 불가능하다는 것을 보여 줍니다.

크다고 다 육식 공룡은 아니죠

초식 공룡의 몸집은 어느 정도 될까요?

따르릉!

공룡 연구소에 요란한 벨소리가 울려 퍼졌다. 나박식 박사는 슬리퍼를 끌며 슬금슬금 걸어가서 전화를 받았다.

"공룡 연구소입니다. 네, 네, 네? 남부 지방에서 공룡 뼈가 출토되었다고요? 네, 알겠습니다. 지금 곧장 가겠습니다."

나박식 박사는 서둘러 장비를 챙기고 차를 몰아 과학공화국 남부 지방으로 달려갔다. 나박식 박사가 차에서 내리기가 무섭게 공룡 연구소에서 근무하는 연구원 주라기가 다가왔다.

"나 박사님, 이쪽입니다."

"오호 그래, 여기가 바로 공룡 뼈가 출토되었다는 곳인가? 정말 기대가 크네."

"하하하, 이번에는 기대하셔도 좋습니다. 이번에 출토된 공룡 뼈는 크기도 클 뿐만 아니라 길이도 10m나 된다고 합니다."

"그래? 오호, 그 정도로 크다니…… 믿기지 않는군. 어서 안내해 주게."

주라기의 안내를 받으며 나박식 박사는 줄로 둘러쳐진 출입 금지 지역으로 들어갔다. 주라기는 호들갑을 떨며 나박식 박사를 공룡 뼈가 있는 곳으로 안내했다.

"오호, 이것이 진정으로 공룡의 뼈란 말인가? 이렇게 감격스러울 수가……."

"하하하, 그렇게 마음 졸이시더니 드디어 웃을 날이 왔습니다."

"허허허, 그렇게 찾을 때는 나오지 않더니 이 귀한 복덩이가 이런 곳에서 나올 줄이야. 정말 세상은 새옹지마란 말이 딱 맞는 것 같군."

나박식 박사는 미소 지으며 공룡 뼈를 살펴보기 시작했다. 조심스레 붓으로 흙을 걷어 내며 감탄사를 연발했다. 그때 어떻게 알고 기자가 카메라를 들이대며 들어왔다.

"여기는 과학공화국 최초로 공룡 뼈가 발견된 남부 지방입니다. 이번에 발견된 공룡 뼈로 공룡 연구소의 즐거운 외침이 들리는 듯

합니다. 나 박사님을 만나 보도록 하겠습니다."

나 박사는 자신의 얼굴에 들이대는 카메라를 기다렸다는 듯 표정 연기를 하며 자세를 잡았다.

"이번에 길이가 10m나 되는 공룡 뼈가 발견되었다는데, 사실입니까?"

"네, 사실입니다. 길이가 10m나 되는 공룡 뼈가 이곳에서 발견되었습니다."

"이번에 발견된 공룡 뼈는 어떤 공룡입니까?"

"길이가 10m나 되는 걸로 봐선 공룡의 덩치가 클 것으로 예상됩니다. 그러므로 육식 공룡입니다."

"아, 그렇군요. 좋은 말씀 감사합니다."

나 박사는 인사를 하고 다시 공룡 뼈를 유심히 살펴봤다. 그 때 요란하게 휴대전화 벨소리가 울렸다.

"네, 나박식 박사입니다."

"공룡 연구소 소장 이둘리일세."

"아, 소장님. 어쩐 일로 전화를 하셨습니까?"

"자네 제정신인가? 어떻게 공룡 뼈의 길이가 10m나 된다고 육식 공룡이라고 말할 수 있나?"

"덩치가 크니 당연히 육식 공룡이지요."

"이런 멍청한…… 자넨 해고일세."

"네? 이럴 수가…… 저도 이대로 그냥 해고당할 수 없습니다.

반드시 제 권리를 찾을 겁니다."

"하하하, 자네가 그런 말을 할 자격이 있나? 좋아. 그럼 법정에서 보세."

"좋습니다. 그럼 법정에서 뵙겠습니다."

그리하여 다음 날 이둘리 소장과 나박식 박사는 지구법정에서 다시 만나게 되었다.

육식 공룡은 대체로 몸집이 큰 경우가 많지만
쥐라기 말기에는 육식 공룡보다
훨씬 거대한 초식 공룡들도 나타났습니다.

여기는 지구법정

초식 공룡의 몸집은 얼마나 될까요?
지구법정에서 알아봅시다.

 피고 측, 변론하세요.

 육식 공룡 전문가 유고기 박사를 증인으로 요청합니다.

기름진 얼굴의 유고기 박사가 증인석에 앉았다.

 육식 공룡은 언제부터 나타났죠?

 트라이아스 중기부터입니다. 이때의 공룡들은 대부분 몸이 작았습니다. 그러나 시간이 지날수록 점점 몸이 커졌습니다.

 쥐라기 때의 육식 공룡에 대해 설명해 주세요.

 쥐라기 중기부터 거대한 육식 공룡이 나타나기 시작했습니다. 쥐라기의 대표적 육식 공룡은 '이상한 파충류'라는 뜻의 알로사우루스인데요, 몸길이는 11m이고 거대한 초식 공룡을 잡아먹고 살았습니다. 긴 꼬리와 강한 발, 날카롭고 커다란 발톱을 가졌지요.

 백악기 때의 육식 공룡에 대해 설명해 주세요.

 백악기에는 더 크고 강한 육식 공룡들이 나타남에 따라 초식

공룡들의 삶은 아주 힘들어졌습니다. 대표적인 예로 잘 알려진 티라노사우루스와 벨로키랍토르가 있습니다. 티라노사우루스는 몸길이가 12m이고 뼈에서 살을 찢기에 적합한 거대한 목, 살을 자르기에 편리한 톱니 같은 이빨과 작은 앞발을 가진 것이 특징입니다.

 초기의 육식 공룡은 몸집이 작으나 시간이 지날수록 몸이 점점 커지게 진화하였고 알로사우루스나 티라노사우루스와 같이 10m가 넘는 육식 공룡들도 있었으므로 나 박사의 주장도 맞습니다.

 원고 측, 변론하세요.

 초식 공룡 전문가 초시기 박사를 증인으로 요청합니다.

초록색 머리를 한 초시기 박사가 증인석에 앉았다.

 초식 공룡은 언제 나타났습니까?

 트라이아스 말기입니다. 이때 공룡은 몸이 작습니다. 대표적인 예로 안키사우루스가 있습니다. 그러나 육식 공룡과 같이 초식 공룡들도 시간이 지날수록 몸집이 계속 커지는 방향으로 변했습니다.

 쥐라기 때의 초식 공룡에 대해 설명해 주세요.

 쥐라기 초기에는 몸집이 작은 초식 공룡들은 사라지고 몸집이 큰 초식 공룡들이 최초로 등장했습니다. 쥐라기 말기에는 우리가 영화에서 볼 수 있는 아주 커다란 초식 공룡들이 존재 했는데요, 대표적인 예로 디플로도쿠스와 브라키오사우루스 가 있습니다.

 두 공룡이 얼마나 크죠?

 디플로도쿠스의 경우에는 몸길이가 27m이고 긴 꼬리와 목을 가지고 있었습니다. 브라키오사우루스는 몸길이는 23m, 키 는 12m이며 몸무게가 40톤으로 코끼리 몸무게의 8배 정도입 니다.

 백악기 때의 초식 공룡은 어떻습니까?

 여전히 큰 초식 공룡들이 있지만 이구아노돈이나 파키케팔로 사우루스같이 다른 초식 공룡보다 작은 공룡들이 등장했습니 다. 다른 초식 공룡들보다 작다고는 하나 이구아노돈은 키가 약 9m이고 파키케팔로사우루스는 8m로 그리 작지 않습니다.

 육식 공룡과 같이 초기의 초식 공룡은 비록 몸이 작았으나 특 히 쥐라기 때 초식 공룡들은 20m가 넘는 아주 큰 공룡들이 많이 등장했습니다. 따라서 뼈가 크다고 해서 무조건 육식 공 룡이라고 한 나 박사의 주장은 옳지 않습니다.

 판결합니다. 크기로 따지면 초식 공룡이 훨씬 큰 종류들이 많 아 뼈가 크면 초식 공룡이라고 생각하기 쉬우나 뼈가 10m임 을 생각했을 때 10m 정도 되는 육식 공룡들도 꽤 있습니다.

물론 뼈가 크다고 해서 무조건 육식 공룡이라고 한 나 박사의 주장은 옳지 않으나 그렇다고 그 뼈가 초식 공룡의 뼈라고도 볼 수 없습니다.

판결 후 나 박사는 공룡에 대해 더 많은 연구를 하였고 공룡 연구소에 다시 복직하게 되었습니다.

 한국의 공룡

1972년 공룡 알 화석이 경남 하동에서 발견돼 한국에서 공룡의 존재가 처음으로 확인되었습니다. 이후 경북 의성에서 몇몇 단편적인 공룡 뼈가 발견돼 한반도에도 공룡이 살았다는 사실이 입증되었습니다. 1980년에는 그때까지 무심히 지나쳤던 이상한 퇴적 구조의 대부분이 공룡이 남긴 발자국 화석이라는 점이 밝혀졌습니다. 현재 한국은 세계적으로 유명한 공룡 발자국 화석 산지로 알려지고 있습니다. 경상도와 전라남도 일대에 분포하는 경상누층군에서 많은 공룡 화석이 발견되고 있습니다. 발자국화석은 경상누층군이 지층으로 드러난 곳을 잘 찾아보면 발견할 수 있을 정도로 많은 지역에서 산출되고 있습니다. 흔히 발자국 화석은 나무나 풀로 덮이지 않은 해안가나 하천 바닥, 그리고 도로 개설을 위해 인위적으로 산을 깎은 곳에서 자주 발견됩니다.

경상누층군은 지금의 경상도와 전라남도 일대에 주로 분포하는 전기와 중기 백악기 지층들로(약 1억 년 전) 바다에서 형성된 것이 아니라 강과 호수의 퇴적물이 쌓여 이루어진 육성층입니다. 때문에 육상 동물인 공룡이 화석으로 보존되기 위한 좋은 지질학적 조건을 가지고 있습니다.

작아서 귀여운 공룡

소보다 더 작은 공룡이 있다고요?

사건속으로

"하암, 역시 자료 정리는 피곤하군."

비계인은 자신이 모은 공룡에 관한 자료를 열심히 가나다순으로 정리하고 있었다. 비계인은 공룡에 대해 연구하는 데 평생을 바친 과학자이다. 오로지 자료 수집에 열중을 하는 비계인은 가끔 주위 사람들로부터 무식하다는 소릴 듣곤 한다. 공룡에 관한 자료가 있는 곳이면 전국 각지를 돌아다니며 모으러 다녔기 때문에 사람들은 진공청소기란 별명까지 붙여 줬다.

"이번에 모은 자료는 신기한 것이 많이 있을 거야. 정말 기대되는군."

비계인은 이번에 모아 온 자료를 찬찬히 살펴보았다. 특별한 내용이 없는 자료는 휴지통으로 들어갔다. 그래서 비계인의 부인은 불만이 많았다. 늘 자료 정리만 하고 집안일에는 전혀 관심을 쓰지 않았기 때문에 불평이 늘 수밖에 없었다.

"아유, 내가 못살아. 오늘도 휴지통이 벌써 가득 찼군. 내가 청소부야? 돈은 벌어 오지도 않으면서 만날 책상에 앉아 자료 정리만 하니 내 속이 안 터지면 이상하지."

"허허허, 조금만 기다려 봐. 내가 꼭 대박 자료를 찾아낼 거니······."

"그놈의 대박 자료는 도대체 언제 나와?"

"조금만 기다려."

비계인은 공룡 자료에서 눈을 떼지 않고 말했다. 그때 비계인의 얼굴이 점점 밝아졌다.

"드디어 찾았다. 이거야. 내가 찾던 바로 그 대박 자료야. 하하하!"

"정말 대박 자료 맞아요?"

"당연하지. 여보, 공룡은 커다란 것만 있는 것이 아니었어. 소보다 작은 공룡도 존재했어."

"정말요? 정말 공룡이 소보다 작은 것도 있단 말이에요?"

"그렇다니깐. 하하하, 어서 공룡학회에 알려야겠군."

비계인은 서둘러 자신이 찾은 대박 자료를 들고 차를 몰아 공룡

학회로 달려갔다.

"드디어 기존의 공룡에 대한 내용을 뒤집을 만한 자료를 찾았습니다."

"그게 무슨 말인가? 자세하게 말해 보게."

비계인은 자신이 들고 온 자료를 책상에 내려 놓고 침을 튀겨 가며 열변을 토해냈다.

"그동안 공룡은 무조건 클 것이라는 학설을 뒤집을 자료를 가지고 왔습니다. 공룡 중에는 소보다도 작은 공룡이 존재했습니다."

"그게 무슨 말인가? 소보다 작은 공룡이 존재했다니…… 그럴 리가……."

"아닙니다. 있었습니다. 여기 이렇게 자료에 나와 있지 않습니까?"

공룡학회장인 황고집은 자료를 뚫어져라 쳐다보았다. 그리곤 자료를 책상에 내려놓으며 비계인을 쳐다보며 말했다.

"이 자료를 어떻게 나보고 믿으라는 것인가. 난 절대 믿을 수 없네. 그동안 많은 과학자가 만든 학설을 그렇게 쉽게 뒤집을 수 없네."

"아닙니다, 분명 작은 공룡도 있습니다."

"자네의 주장은 공룡학회에서 받아들일 수 없네. 이만 돌아가게."

"전 제 주장이 받아들여질 때까지 싸울 것입니다. 법정에 가는 일도 불사하겠습니다."

"법정? 좋아. 자네가 법정을 굳이 원한다면 기꺼이 받아 주지."

이렇게 해서 공룡학회장인 황고집과 비계인은 지구법정에 서게
되었다.

에오랍토르는 몸 길이가 1m 정도이고
콤프소그나투스는 0.7~1.5m에 불과합니다.

몸집이 작은 공룡들도 있었을까요?
지구법정에서 알아봅시다.

 피고 측, 변론하세요.

 우리가 박물관에 가서 공룡의 뼈를 보더라도 대부분의 공룡들은 다 큽니다. 초식 공룡들은 20m가 넘는 것들이 대부분이었으며, 육식 공룡의 경우에도 아무리 작아도 소보다는 훨씬 큽니다. 따라서 소보다 작은 공룡은 없었습니다.

 원고 측, 변론하세요.

 공룡이 최초로 등장했을 때는 몸집이 작았으며 그 이후 시간이 지나면서 몸집이 점점 커졌습니다. 따라서 최초로 등장한 공룡은 소보다 작을 수도 있었을 것입니다. 공룡 전문가 용용이 박사를 증인으로 요청합니다.

공룡 캐릭터가 그려져 있는 옷을 입은 용용이 박사가 증인석에 앉았다.

 최초로 등장한 공룡 중에 작은 공룡이 있습니까?

 네, 있습니다. 에오랍토르라는 공룡인데요, 몸길이가 약 1m

입니다.

 그러면 그 공룡이 가장 작은 공룡입니까?

 아닙니다. 가장 작은 공룡은 살토푸스입니다. 살토푸스는 몸길이가 60cm에 몸무게는 1kg정도의 공룡입니다. 그러나 이 공룡이 가장 작은 공룡이 아니라는 주장도 있습니다. 왜냐하면 화석이 완전하지 않아서 공룡의 새끼일 가능성이 크기 때문입니다.

 살토푸스를 제외하고 가장 작은 공룡은 무엇입니까?

 콤프소그나투스입니다. 콤프소그나투스는 몸길이가 0.7~1.5m이고 몸무게는 20kg 정도입니다.

 존경하는 재판장님, 이렇듯 1m도 안 되는 공룡들이 존재했습니다. 즉, 소보다 작다 못해 큰 개만 한 공룡들이 있었다는 것이지요. 따라서 비계인의 주장은 옳은 것입니다.

 판결합니다. 우리가 알고 있는 대부분의 공룡들은 전부 몸집이 큰 데 반해 가장 작은 공룡으로 알려진 콤프소그나투스의 경우 아무리 커 봤자 2m도 안 되므로 소보다 작은 공룡이 존재했다고 하는 비계인의 주장이 옳음을 선고합니다.

판결 후 비계인은 학회에서 인정받은 것은 물론 텔레비전에서 공룡에 대한 강의로 스타 공룡 박사가 되었다.

가장 큰 공룡 화석

지금까지 발견된 가장 큰 공룡 화석은 1995년 아르헨티나 파타고니아 지역에서 발견되었으며, 키 12m 몸무게 약 6톤 정도로 알려져 있습니다.

하늘을 나는 익룡

익룡도 공룡일까요?

"비상이 어머니 아니세요? 요즘 비상이는 잘 있
나요?"

"아유, 몰라요 몰라. 매일 방에 틀어박혀서 뭘
하는 건지. 예전 같은 사고나 치지 말아야 할 텐데."

"전에 날개랍시고 만들어서 그걸 달고 나무 위에서 뛰어내린 사
건 말씀하시는 거죠?"

"네, 그래서 한 달 동안 병원 다녔잖아요."

"그래도 발명가 기질이 있나 봐요. 그런 쪽으로 키워 보시는 게
어떨까요?"

"말도 마세요. 이제 또 무슨 일 저지를까 봐 겁이 난다니까요."

올해 초등학교 3학년인 비상이는 하늘을 나는 것이 꿈인 아이였다.

"난 언제가 새처럼 하늘을 나는 사람이 될 테야!"

비상이는 하늘을 보며 걷는 것이 취미였고 하늘을 보며 장애물 넘기가 특기이며, 팔로 날갯짓을 하며 걷는 것이 버릇이었다. 무언가를 조립하고 만드는 데도 소질이 있어서 자신이 날기 위해 물건을 만들어 시험하다 다치기 일쑤였다.

"엄마, 책 사오셨어요?"

"그래, 여기 있다. 넌 매일 새에 관한 책만 읽니? 다른 책들도 읽으렴."

"싫어요. 난 새가 제일 좋아요."

"하늘을 날아서?"

"그럼요, 당연한 걸 물으시네."

"너 또 사고 칠 물건 만드는 거 아니니? 네 방 좀 검사해야겠다."

"아니에요, 완성되기 전까지 절대 보여 드릴 수 없어요."

비상이는 엄마가 자기 방에 들어오지 못하도록 최대한 방문 앞에서 가로막고 서 있었다. 엄마는 그런 비상이의 마음을 이해한 건지 포기한 건지 부엌으로 가셨다.

"새의 역사! 캬아, 제목만으로도 감동적이다. 비행기 만드는 건

잠시 미루고 책부터 읽어야지."

　온갖 새 모형과 비행기 모형들로 가득 둘러싸인 비상이는 침대에 폴짝 뛰어올라 누워서 시간 가는 줄 모르고 책을 읽기 시작했다.

　"비상아, 새 모이 줘야지."

　"아, 맞다. 카트린느에게 밥을 안 줬네."

　비상이는 거실로 나와 베란다에 있는 카트린느에게 갔다. 카트린느는 구관조로 말하는 새였다.

　"안녕하세요. 안녕하세요."

　"안녕, 카트린느. 자, 밥 먹어."

　"날고 싶다. 날고 싶다."

　카트린느는 정말 날고 싶어서 날고 싶다고 말하는 것이 아니었다. 늘 새 모이를 줄 때마다 비상이가 베란다 밖 하늘을 보며 '아, 날고 싶다'라고 말했기 때문에 그 말을 기억하는 것이었다.

　"오늘도 노을이 참 아름답다. 내 등에 날개가 달려 있다면 저기 산 너머로 날아가고 싶다. 아! 날고 싶다."

　비상이는 또다시 팔로 날갯짓을 하였다. 그러나 사람인 비상이가 날 턱이 없었다.

　"비상아, 거기서 이상한 짓 하지 말고 와서 밥 먹어."

　"엄마, 이건 이상한 짓이 아니라 날갯짓이라니까요."

　"그래 봤자 넌 못 날아."

　"아니에요, 언젠가는 꼭 날 거예요!"

"으이그, 알았다. 알았어."

비상이는 저녁을 급하게 먹고 후닥닥 방으로 들어와 새의 역사에 관한 책을 읽었다. 한창 재밌게 읽고 있는데 엄마가 또 비상이를 불렀다.

"비상아, 전화 받아."

"없다고 그래요."

"용용이인데도?"

비상이는 얼른 뛰어나와 전화를 받았다. 비상이의 친구 용용이는 공룡을 아주 좋아하는 아이로 비상이의 마음을 누구보다도 잘 알아주는 고마운 친구였다.

"새와 함께 날고 싶은 친구, 잘 있었나? 하하하."

"그럼, 공룡과 뛰어다니고 싶은 친구. 무슨 일인가? 하하하."

둘은 신나게 웃었다. 둘은 서로를 '새와 함께 날고 싶은 친구' '공룡과 뛰어다니고 싶은 친구' 라고 불렀다.

"너 그 소식 들었어? 우리 옆 동네에 있는 스엑코에서 공룡 전시전이랑 조류 전시전을 한대."

"우아! 정말? 아, 가고 싶다. 그런데 스엑코 입장료는 비싸잖아."

"그러게, 전시전을 하면 뭘 하냐. 우리 같은 가난한 초등학생이 어떻게 갈 수 있겠어. 난 새로 나온 공룡 모형 사느라 용돈을 다 써서 엄마께 더 달라고 했더니 절대 안 주시겠대."

"나도 그래. 날개 16호를 만들 재료를 사느라 용돈을 다 써 버렸어."

둘은 땅이 꺼질 듯이 한숨을 쉬었다. 그런데 둘에게 기적이 생겼다.

"비상아, 짜잔! 선물이다."

"우아, 스엑코 입장권! 아빠 최고! 이 세상에서 아빠가 제일 좋아!"

비상이는 아빠에게 매달려 매우 기뻐하며 어쩔 줄 몰라 하였다.

"여보, 어떻게 된 일이에요?"

"그게 거래처 갔다가 그곳 사장님이 우리 아들이 새를 좋아한다니까 선뜻 주시더라고."

비상이는 엄청 신이 나서 당장 용용이에게 전화를 걸었다. 용용이도 입장권이 생겼다는 소식을 듣고 전화기가 터질 듯 소리를 질렀다.

스엑코에 가기로 한 일요일, 둘은 놀이터에서 만나 웃으면서 인사하였다.

"새와 함께 날고 싶은 친구, 친구는 나의 은인일세. 하하하."

"무슨 소리인가, 공룡과 뛰어다니고 싶은 친구. 우리 사이에 이런 건 아무것도 아닐세. 하하하."

"이거 어때? 내가 그려서 만든 공룡 티셔츠야."

"역시, 너는 그림의 천재야. 난 전에 네가 선물해 준 새 그림 티셔츠 입고 왔는데."

둘은 가벼운 발걸음으로 스엑코로 향했다. 일요일이라 그런지 사람들이 많았다.

"우리 어디부터 돌아볼까?"

"일단은 조류 전시관이 가까우니까 조류 전시관으로 가자."

"네가 웬일이야? 공룡 전시장에 먼저 가자고 할 줄 알았는데."

"원래 맛있는 음식을 제일 나중에 먹듯이 제일 가고 싶은 곳을 아껴 두는 거지."

둘은 먼저 조류 전시관으로 향했다. 그곳에는 세계 각종 새들이 전시되어 있었다. 비상이는 그 새들을 보며 신이 나서 용용이에게 설명해 주었다.

"와, 정말 환상적이다. 난 오늘을 평생 잊을 수 없을 거야. 아빠께 감사의 편지라도 써야겠다."

"그래, 그럼 이번에는 공룡 전시관으로 가자."

둘은 2층에 있는 공룡 전시관으로 향했다. 그곳에는 공룡의 화석과 공룡의 뼈 모형들이 전시되어 있었다.

"우아, 크다. 저런 것들이 지구에 살았단 말이야?"

"당연하지. 저건 초식 공룡인데 쥐라기 시대에 살았던 거야."

"저런 게 지금 살아 있으면 소처럼 길들여 이용할 수 있겠다. 아마 사다리도 필요 없을 거야."

"미끄럼틀로 이용해도 될 거야. 놀이 기구가 따로 없겠는데."

"아니다, 사람들을 수송하는 버스 대용 어때?"

"그것도 괜찮네. 크크."

둘은 전시관을 쭉 돌다가 익룡 모형 앞에 섰다.

"야, 네가 좋아할 만한 공룡이야, 익룡. 새만이 날 수 있는 게 아니라 공룡도 날아다닌 것이 있어."

용용이는 으스대듯이 말하였다. 그러나 용용이의 예상과는 달리 비상이는 고개를 갸우뚱거리며 말하였다.

"익룡은 공룡이 아니라고 하던데?"

"무슨 소리야, 익룡은 공룡이 맞아."

"아니야, 내가 얼마 전에 읽었던 《새의 역사》라는 책에서 익룡은 공룡이 아니라고 했었어."

"에이, 그 책이 잘못된 거겠지."

"책이 잘못되었을 리가 없잖아."

"아니야!"

"아니야!"

둘은 서로 목소리를 높이며 싸우기 직전까지 갔다.

"그럼 안내원 아저씨한테 물어보자."

둘은 서로 노려보며 공룡 전시관 안내원에게로 향했다.

"아저씨, 익룡은 공룡이 맞지요?"

"그럼, 공룡이지."

"거봐, 공룡 맞다잖아."

"아니야! 아저씨, 제가 읽은 《새의 역사》란 책에서는 익룡은 공룡이 아니라고 했어요."

"그, 그러니? 그것 참……."

안내원은 헛기침을 하며 당황해했다. 둘은 이제 싸울 태세로 으르렁거렸다.

"애들아, 그러지 말고 지구법정에 이 일을 의뢰해 보자. 그곳에서 익룡이 공룡인지 아닌지 가르쳐 줄 거야."

안내원은 익룡이 공룡인지 아닌지 지구법정에 의뢰하였다.

익룡은 트라이아스기에 출현한 원시 파충류에서
분화한 것입니다. 수장룡, 어룡도 마찬가지입니다.

익룡은 과연 공룡일까요?
지구법정에서 알아봅시다.

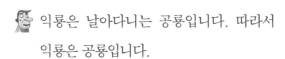

판결을 시작하겠습니다. 지치 변호사, 변
론하세요.

익룡은 날아다니는 공룡입니다. 따라서
익룡은 공룡입니다.

그게 다입니까?

그러면 무슨 설명이 더 필요합니까?

익룡이 왜 공룡인지 타당한 이유를 들어야 하지 않습니까?

익룡이 공룡인 걸 어쩌란 말입니까?

대책이 없는 친구로군. 어쓰 변호사 변론하세요.

우리는 익룡을 공룡이라고 생각합니다. 하지만 그럴까요? 파
충류 연구원 터뜰맨 박사를 증인으로 요청합니다.

머리가 크고 목이 짧으며 몸집이 뚱뚱한 터뜰맨 박사가
증인석에 앉았다.

 익룡은 공룡인가요?

 흔히 익룡은 공룡이라고 생각하지만 사실 그렇지 않습니다.

익룡은 공룡의 사촌이라고 할 수 있지요.

왜 익룡은 공룡이 아닌가요?

익룡 이외에도 수장룡, 어룡 등도 공룡이 아니며 익룡, 공룡, 수장룡, 어룡 등은 모두 중생대 트라이아스기에 출현한 원시 파충류에서 분화한 것입니다.

익룡의 특징은 무엇인가요?

우선 하늘을 날고 부리가 있으며 뒷발은 5개의 발가락을 갖고 있습니다. 또한 뼛속은 비어 있으며 긴 목과 짧은 몸, 긴 뒷다리와 작은 골반을 가지고 있었습니다. 익룡의 크기는 매우 다양합니다.

익룡의 종류에는 어떤 것들이 있나요?

익룡은 크게 두 부류로 나눌 수 있는데 트라이아스기와 쥐라기에 살았던 작은 익룡인 람포링쿠스류와 주로 백악기에 살았던 프테로닥틸루스류입니다.

각 특징들은 어떻습니까?

람포링쿠스류는 대부분 꼬리가 길고 목이 짧으며 긴 다섯 번째 발가락이 있었습니다. 프테로닥틸루스류는 짧은 꼬리와 긴 목을 가졌는데 가장 작은 익룡과 가장 큰 익룡을 포함하고 있었습니다.

익룡은 무엇을 먹고 살았나요?

대부분은 얕은 바다 위를 날면서 주로 물고기나 오징어 등을 잡아먹고 살았습니다. 익룡 중에서 널리 알려진 프테라노돈의 부리는 뿔처럼 단단한 꼬투리로 덮여 있었고 물고기를 저장할 수 있는 주머니를 갖고 있었습니다.

 익룡은 어떻게 날았을까요?

 프테라노돈은 좁고 긴 날개를 가지고 있어서 공기가 위로 올라가려는 성질을 이용해 높이 날았고 케찰코아툴루스는 짧고 넓은 날개를 가져 날갯짓을 하여 높이 날 수 있었습니다.

 익룡은 공룡, 어룡, 수장룡 등과 같이 원시 파충류에서 분화되어 나온 것으로 크게 두 부류로 나뉩니다. 익룡은 주로 바다 위를 날면서 물고기나 오징어 등을 잡아먹고 살았으며 공기의 흐름을 이용하거나 날갯짓을 하여 하늘을 날았습니다.

 판결합니다. 익룡은 원시 파충류에서 나온 것으로 공룡의 사촌이라고 볼 수 있습니다. 또 어룡, 수장룡 등과도 사촌 격이

 한국의 익룡 화석지

해남 공룡 화석지는 지금으로부터 약 8천3백만 년 전인 중생대 백악기 말에 형성된 퇴적층군들이 약 5km의 해안에 걸쳐 발달되어 있습니다. 그곳은 공룡, 익룡 발자국 화석을 비롯한 각종 화석들이 다량 발굴된 고생물 화석지입니다. 화석지는 해남읍에서 진도 방향으로 약 20km 정도에 위치하고 있습니다.

화석지 주변 지질은 백악기에 속하는 우항리층과 화산암으로 구성되어 있습니다. 우항리층은 화원 반도의 북쪽 해안을 따라 분포하고 있으며, 주요 구성 암석은 역암, 사암, 흑색 셰일, 이암 등이고 처트와 응회암이 협재되어 있습니다. 우항리층은 상부로 갈수록 화산 쇄설물이 많아져 응회질 사암 및 셰일에서 응회암으로 점이하는 경향을 보여 주고 있습니다.

지요. 따라서 익룡을 공룡이라고 보기는 어렵습니다.

판결 후 용용이는 자신이 가진 책을 다시 꼼꼼히 살펴보았다. 그리고 모두가 공룡이 아니라 익룡, 공룡, 어룡, 수장룡으로 다시 나눠야 한다는 사실을 깨달았다.

석탄과 석유

석탄과 석유는 어떻게 만들어졌을까요?

"여러분, 오늘은 새로운 전학생을 소개하겠어요. 자, 영재야, 네가 소개하렴."

삐쩍 마른 몸에 큰 안경을 쓴 모범생 분위기의 나영재가 쭈뼛쭈뼛 서서 인사했다.

"안녕하세요. 저는 나영재라고 합니다. 잘 부탁드려요."

"영재는 저기 아름이 옆에 앉도록 해요. 오늘은 새로 전학 온 영재에게는 미안하지만 예정대로 수학 시험을 치르겠어요."

학생들은 야유를 보냈지만 담임선생님은 아랑곳하지 않고 시험지를 나누어 주었다. 시험지를 받아 든 영재는 거침없이 쓱쓱 써

내려갔다.

"아, 오늘 시험 너무 어렵지 않았니? 넌 전학 오자마자 시험 쳐
서 싫겠다."

"아니, 뭐. 소울에서는 늘 있는 일이었는걸."

"소울? 너 소울에서 살았니?"

"응, 태어났을 때부터 쭉 소울에서 자랐어. 이번에 아버지 직장
때문에 전학 온 거야."

영재가 대도시 소울에서 자랐다는 말에 주변의 아이들은 영재
옆에 쭉 둘러싸서 이것저것 질문을 했다.

"소울에는 지하로 다니는 기차가 있다며?"

"지하철을 말하는 거구나? 맞아, 소울은 지하철이 잘 되어 있어
서 소울 어디든 갈 수 있어."

"소울에는 정말 큰 탑이 있어?"

"큰 탑? 아, 소울타워? 산 위에 있는데 거기 올라가면 소울 전체
가 다 보여."

"우아, 나도 소울 가 봤으면 좋겠다."

아이들은 모두 영재를 부러워했다. 그러나 단 한 아이만은 달
랐다.

"그깟 소울, 누옥에 비하면 아무 것도 아니지."

아이들의 시선은 주유수한테 몰렸다. 유수는 거드름을 피우며
말했다.

"내가 소울도 몇 번 가 봤지만 아미카 공화국의 누옥보다 안 좋던데?"

"누옥은 어때?"

아이들은 유수에게 몰려갔다. 유수는 신나서 아이들에게 누옥에 대해 설명해 주었다.

"그곳은 높은 빌딩들이 하늘을 찌를 것 같았고 에, 그 뭐더라. 올림픽의 여신상이 정말 인상 깊었어."

"자유의 여신상이겠지. 횃불을 들고 있다고 올림픽의 여신상이라고 이름 지었니?"

영재의 말을 들은 아이들은 깔깔거렸다. 유수는 얼굴이 시뻘개져서 영재를 공격했다.

"너, 소울에서 살다 왔다고 잘난 척하는 모양인데 이번 수학 시험 끝나고 나서 두고 보자. 너 같은 자식은 아마 꼴찌를 할 거야."

그러나 영재는 수학 시험에서 1등을 하였다. 그 후에도 모든 시험마다 1등을 한 영재는 아이들의 인기를 독차지하였다. 유수는 분한 마음에 엄마에게 하소연하였다.

"엄마, 더 좋은 과외 선생님 붙여 주세요."

"지금 가르치는 과외 선생님이 잘 안 해 주니?"

"소울에서 온 영재인가 둔재인가 하는 자식이 날 무시한단 말이에요."

"뭐? 하늘같이 귀한 우리 아들을 무시한다고? 이런, 알았어. 일

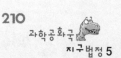

단 엄마가 모임 다녀온 뒤에 더 자세하게 이야기해 보자꾸나. 김 기사, 운전해. 엄마 간다."

밍크코트를 입고 치렁치렁하게 꾸민 유수의 엄마는 아들을 달랜 후 차를 타고 나갔다. 유수는 그래도 분한 마음이 풀리지 않아 주유소에 있는 아버지에게로 갔다.

"어이구, 우리 왕자님께서 무슨 일로 여기 행차하셨나?"

"아빠, 아빠라면 우리 시에서 제일 부자니까 누구든 혼내 줄 수 있죠?"

"그래, 당연하지. 누가 우리 왕자님을 괴롭히니?"

"소울에서 온 아이가 절 괴롭혀요."

"뭐라고? 혹시 이름이?"

"나영재인데, 자기가 무슨 영재야. 둔재지."

"소울에서 온 나영재면 나 과장의 아들일 텐데……. 어험."

유수의 아빠는 당황해하며 곤란한 표정을 지었다. 나 과장은 가장 중요한 거래처의 과장이었기 때문이다.

"아빠, 혼내 줄 수 있죠?"

"그, 글쎄다. 유수야, 친구를 괴롭히면 못 써."

"싫어요! 그 자식이 오기 전까지는 내가 제일 인기 많은 아이였는데, 이제는 그 아이가 인기를 독차지했단 말이에요."

"유수야, 그러면 이렇게 하자. 아빠가 내일 너희 반으로 선물을 보내마. 그러면 반 아이들은 선물을 받고 좋아할 테고, 당연히 유수는 다시 인기가 많아질 테지? 오히려 싸우면 아이들이 널 무서 워해요."

"그렇긴 하네요. 아빠 제일 멋진 선물로 보내 주셔야 돼요."

유수는 신이 나서 집으로 향했다. 이제 선물로 반 아이들의 인기 를 독차지할 것을 생각하니 기분이 날아갈 것 같았다.

"여러분, 이건 주유수의 아버지께서 주신 선물이에요. 자, 하나 씩 나눠 가져요."

주유소의 사장답게 유수의 아버지는 비싼 선물을 보냈다. 아이 들은 저마다 유수에게 고마움을 표시했고 유수는 아무것도 아니라 는 듯 어깨를 으스댔다.

"우리 아빠는 주유소 사장이라 이런 선물쯤은 매일 사 주실 수 있어."

"와, 유수는 좋겠다. 우리 아빠는 선물 같은 건 생일 때만 사 주 시는데."

"선물 더 받고 싶으면 이야기해. 우리 아빠가 친구들이랑 사이좋 게 지내야 한다며 이런 선물은 원한다면 얼마든지 보내 준다고 하 셨거든."

유수는 영재를 힐끔 쳐다보며 자랑했다. 그러나 영재는 표정 변 화 하나 없이 오직 책만 읽고 있었다. 그런 영재를 보고 속으로는 분해하고 있을 거라며 유수는 자기 마음대로 생각했다.

그러나 그 선물의 효과는 오래가지 않았다. 항상 아이들은 모르는 것을 물어보기 위해 영재에게 갔고 자연스럽게 영재의 인기가 올라갔다. 그러던 중 반에서 가장 인기가 많은 차미가 영재를 좋아한다는 소문이 돌았다.

'아악, 이건 꿈이야. 나의 사랑 차미가 둔재를 좋아하다니!'

유수는 차미를 좋아하고 있었다. 그래서 그동안 선물 공세와 편지 공세를 했지만 차미는 고맙다는 말뿐 아무런 반응이 없었다. 그래도 유수는 자기를 좋아하고 있을 거라 생각했는데, 제일 싫어하는 영재를 좋아한다니 약이 올랐다.

'둔재 그 자식에게 내 사랑을 빼앗길 수는 없어.'

그때부터 유수는 더 많은 선물과 편지를 차미에게 주었다. 그러나 차미는 늘 영재 옆에 붙어 이것저것 물어보기도 하고 같이 공부하기도 하였다. 그런 모습에 폭발한 유수는 차미에게 따지듯 이유를 물었다.

"이때까지 내가 너에게 준 게 얼마인데! 왜 영재하고만 붙어 있는 거야?"

"그야, 영재가 공부를 잘하니까."

"내가 영재보다 훨씬 돈이 많아. 너한테 모든 걸 다 해 줄 수 있다고."

"난 공부 잘하는 똑똑한 남자가 좋아. 넌 공부 못하잖아."

차미는 새침하게 뒤돌아서 가 버렸다. 유수는 하늘이 무너지는 절망과 동시에 영재에 대한 분노감이 치솟았다. 이제 영재를 공부로 누르지 않으면 안 되겠다는 생각에 그날부터 영재의 모든 말에 딴죽을 걸기 시작했다.

"영재야, 석탄이나 석유는 어떻게 만들어진 거야?"

"응, 오랜 옛날 땅속에 묻혔던 식물이나 동물이 변해서 된 거야."

정답게 공부를 하고 있는 영재와 차미 앞에 유수가 서서 영재의 말을 비웃었다.

"식물이나 동물이 석탄이나 석유가 되었다고? 지나가는 개가 웃겠다."

영재는 안경을 고쳐 쓰고 똑똑하게 말했다.

"분명 식물이 땅속에 묻혀서 만들어진 거야."

"무슨 소리야? 너 소울에서 살다 와서 뭘 모르는구나? 석탄 봤어? 석유 봤어?"

"응, 전시장에서 본 적이 있어."

"그럼 석탄은 돌처럼 생기고 석유는 기름인 건 알겠네?"

"그렇지. 그런데 그게 왜?"

"생각을 해 봐라. 식물과 동물에서 어떻게 돌이 되고 기름이 되니? 개네가 무슨 변신을 하는 것도 아니고."

"하지만 분명 생물에서 변한 게 맞아."

"웃기는 소리! 우리 집이 주유소를 해서 아는데 석유에서 식물 이파리 하나 동물 뼈 하나도 본 적이 없어."

"당연히 본 적이 없겠지. 아주 오래전에 묻혀서 변했으니까."

"그럼 생물이 석탄이나 석유로 변했다는 증거를 대 봐."

"그건…… 아무튼 생물에서 변한 게 맞아."

"증거도 못 대면서 무조건 우기네. 이 자식 우기기 천재 아니야?"

"그럼 내가 맞는다는 것을 지구법정에서 증명해 보이겠어."

나영재와 주유수의 다툼은 결국 지구법정으로 옮겨지게 되었다.

양치식물이나 해초, 단세포 생물이 죽어 흙 속에 묻히면
그 위에 계속해서 지층이 쌓이고 이로 인해
땅속의 열과 압력을 받아 석탄이나 석유로 변합니다.

석탄과 석유는 어떻게 만들어졌을까요?
지구법정에서 알아봅시다.

 지치 변호사, 변론하세요.

 판사님, 이런 재판까지 해야 합니까?

 무슨 말입니까?

 애들 싸움에까지 우리가 나서야 하냔 말입니다.

 지치 변호사, 이것은 단순히 애들 싸움이 아니라 석탄과 석유가 어떻게 만들어진 것인지 의뢰가 들어온 겁니다. 우리 지구법정은 의뢰인의 의뢰를 최선을 다해 해결해 주어야 하는 신성한 의무가 있다고요.

 아무리 그래도…….

 하기 싫으면 하지 말든가. 그럼 어쓰 변호사가…….

 아닙니다. 간단하게 변론하겠습니다. 석탄은 광물로 되어 있고 석유는 기름으로 되어 있습니다. 그런데 식물이나 동물에서 마법을 부리는 것도 아니고 어떻게 광물이나 기름으로 변할 수 있겠습니까? 따라서 석탄이나 석유는 산이 생기듯 바다가 생기듯 어떻게든 만들어졌을 겁니다.

 어떻게 만들어졌다는 거죠?

 그걸 알면 제가 변호사를 안 하고 과학자를 했겠죠.

역시나, 쯧쯧. 어쓰 변호사, 변론하세요.

 원료 개발원의 시커먼 씨를 증인으로 요청합니다.

시커먼 작업복 차림의 피부도 어두운 시커먼 씨가 증인 석에 앉았다.

 석탄은 무엇인가요?

 타기 쉬운 검정 또는 검은 갈색 고체의 돌 같은 물질이라고 생 각하면 됩니다. 석유가 개발되기 전 가장 많이 쓰인 연료였죠.

 석탄에도 종류가 있을까요?

 네, 크게 유연탄과 무연탄으로 나눌 수 있습니다. 유연탄은 탈 때 연기가 나고 무연탄은 탈 때 연기가 안 나는 석탄이죠. 유 연탄에는 역청탄, 토탄, 갈탄, 흑탄으로 또 나눌 수 있습니다.

 석탄은 무엇으로 만들어졌을까요?

 고생대 중 석탄기에 번성한 양치식물이 물속에 가라앉아 땅 에서 온 흙에 묻혀 썩은 것이 변한 것입니다. 양치식물은 오 늘날의 고사리와 같은 식물이죠.

 식물이 흙에 묻히면 다 석탄이 될까요?

 그건 아닙니다. 식물을 묻은 흙 위에 계속 흙들이 쌓여 지층을 만들고 지층들이 누르는 압력과 지열로 인해 묻힌 식물은 석 탄으로 변화해 갑니다. 석탄으로 변한 것은 석탄층을 이룹니

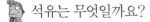다. 석탄층에는 묻힌 식물 중에 썩지 않고 화석으로 된 것들도 있죠. 이 과정은 아주 오랜 시간 동안 이루어진 것입니다.

석유는 무엇일까요?

석탄과는 달리 기름의 성질을 더 많이 띠는 것입니다. 원전에서 막 뽑아 올린 석유는 검은색이죠.

석유는 땅속에 물처럼 고여 있는 것인가요?

아닙니다. 석유는 암석 사이사이에 퍼져 있습니다. 퍼져 있는 석유를 모아서 끌어 올리는 것이지요.

석유는 검은 색인데 우리가 쓰는 기름 원료들은 다 다르던데요.

막 뽑아 올린 석유를 끓여 끓는점에 따라 나눈 것들이 우리가 쓰는 기름 원료들입니다. 석유에서 휘발유, 등유, 경유, 중유, 피치 등으로 분리할 수 있습니다.

석유도 석탄처럼 생물들이 묻힌 건가요?

그렇습니다. 물속에 살던 해초나 단세포 생물 등이 죽으면서 가라앉아 흙 속에 묻힙니다. 그 위로 또 흙이 쌓여 지층을 이루게 되지요. 석탄과 같이 위에서 누르는 힘과 지열로 인해 오랜 시간을 거쳐 죽은 생물들이 석유로 변합니다. 이들 석유는 지층이 휜 곳에 스며들어 있죠.

석탄과 석유는 생물들이 흙 속에 묻히고 그 위로 흙들이 쌓이면서 지층을 이루게 됩니다. 위에서 쌓인 지층이 누르는 힘과 지열 등이 석탄과 석유로 변하게 하는 것입니다.

 판결합니다. 석탄은 고생대에 번성한 양치식물 등이 땅속에 묻혀서 오랜 시간 동안 위의 지층들이 누르는 힘과 지열로 인해 변한 것이고 석유는 물속에 살던 생물들이 묻히면서 석탄과 같은 과정을 거쳐 만들어진 것입니다. 따라서 석탄과 석유는 오랜 옛날에 살았던 생물들에서 만들어진 것입니다.

판결 후 유수는 자존심이 확 구겨져 한동안 학교에 가지 않았다. 학교를 가지 않는 동안 여러 과외 선생님에게 과외를 받고 책을 열심히 읽어 영재에게 복수할 때만을 기다렸으나 번번이 실패했다.

석유 매장량이 가장 많은 나라

사우디아라비아는 세계에서 석유 매장량이 가장 많은 나라입니다. 유전은 페르시아만 연안에 몰려 있으며, 다란이 그 중심지입니다. 석유의 추정 매장량은 2615억 배럴(채굴 기간 83년)로 세계 총 매장량의 25.2%를 차지합니다. 천연가스도 전 세계의 4%가 매장되어 있으며, 그 밖에 보크사이트, 구리, 납, 철광석 등도 매장되어 있습니다. 라스타누라에 정유소가 있어 그 적출항과 사막을 횡단하여 지중해 연안(레바논의 시돈항)으로 빠지는 대규모 파이프라인을 이용하여 수출됩니다. 석유 개발은 미국계의 아람코석유(캘리포니아 스탠더드, 엑슨, 텍사코, 소코니바큠의 4대 회사가 공동 출자)가 독점하여 왔으나, 1977년 국유화 시책에 합의하였습니다.

인류의 등장

만물의 영장인 인간보다 어류가 먼저 등장했다는 게 사실일까요?

"이번 지구과학 시험 문제는 뭐가 나올까? 좀 찍어 줘라."

장영실과학고등학교에서 항상 전교 일등을 하는 마박희의 주변에 아이들이 몰려들었다.

"박희야, 나 이번에 지구과학 점수 못 받으면 큰일 나. 좀 가르쳐 줘라."

"그래, 네가 전교 일등이잖아. 지구과학쯤은 문제없잖아. 안 그래?"

"솔직히 나도 잘 몰라."

"에잇, 가르쳐 주기 싫으면 가르쳐 주지 마. 마빡이 주제에……"

마박희의 별명은 마빡이었다. 마박희는 항상 자신이 전교 일등을 하기 위해서 친구도 사귀지 않고 공부만 했기 때문에 아이들에게 따돌림을 당하기 일쑤였다. 그때 교실 앞문을 열고 지구과학 선생님인 지구본 선생님이 들어왔다.

"자자, 어서 책상 위에 필기구를 제외한 모든 물건은 서랍 안에 집어넣는다. 실시!"

아이들은 순간 술렁이며 각자의 책상을 치우기 시작했다. 마박희는 자신만만해하며 자신이 보고 있던 자료를 집어넣었다.

'이번에도 전교 일등은 바로 나라고. 하하하!'

지구본 선생님은 맨 앞자리에 앉은 학생 앞에 문제지를 놓아 두고 말씀하셨다.

"자, 지금부터 지구과학 시험을 치겠다. 커닝하면 0점 처리되는 건 알고 있지. 자, 이제 문제지 돌려."

문제지는 차례대로 나눠졌고, 마박희도 문제지를 받았다. 마박희는 서둘러 문제를 읽고 풀기 시작했다.

'하하하, 쉽군. 이 정도면 이번에도 쉽게 만점 받겠는데……'

마박희는 엄청난 속도로 문제를 풀었고, 마침내 마지막 문제만 남게 되었다.

다음 중 가장 먼저 등장한 것은 무엇인가?

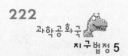

① 포유류

② 어류

③ 파충류

'하하하, 당연히 인간이 속해 있는 포유류가 가장 먼저 등장했지. 드디어 다 풀었다.'

마박희는 모든 문제를 풀고 느긋하게 문제지를 덮었다. 아이들 모두 쩔쩔매고 있는 모습에 마박희는 웃음 지었다.

"자, 오늘 지구과학 성적을 불러 주겠다. 백새주 50점, 공부 좀 해라. 50점이 뭐냐? 산사추 80점, 공부 좀 했구나. 마박희 95점, 역시 박희는 공부를 잘하는군."

"네? 95점이라고요? 그럴 리가 없어요."

"맞는데…… 박희는 마지막 문제를 틀렸구나."

"마지막 문제라면 포유류가 정답이잖아요."

"어떻게 가장 먼저 등장한 것이 포유류냐?"

"당연히 인간이 속해 있는 포유류가 가장 먼저 등장했지요."

"아니야, 가장 먼저 등장한 것은 어류야."

"아닙니다. 전 분명 만점이라고요. 절대 선생님 말씀에 동의할 수 없다고요."

"전교 일등이라 귀엽게 봐줬더니 머리끝까지 오르려고 하는구나. 좋다. 그럼 지구법정에서 그 진실을 밝혀 보자. 그럼 이의 없겠지?"

"네, 좋습니다. 지구법정에서 내리는 판결에 따르겠습니다."

결국 마박희는 끝까지 선생님의 말을 인정하지 않고 지구법정으로 이 문제를 가지고 갔다.

물고기 지느러미
3억 8천 500만 년 전

손목을 가진 지느러미
3억 7천 500만 년 전

사지동물
3억 6천 500만 년 전

척추동물 가운데 가장 먼저 생겨난 것은 어류입니다.
이어서 물과 육지 모두에서 살 수 있는 양서류를 거쳐
파충류로 진화했습니다. 포유류는 그 후에 생겨났습니다.

어류가 먼저일까요, 포유류가 먼저일
까요?
지구법정에서 알아봅시다.

 판결을 시작하겠습니다. 피고 측, 변론하

세요.

 동물 중의 최고는 인간 아닙니까? 당연

히 인간이 속한 포유류가 먼저 만들어져야죠. 원래 하느님이

인간을 먼저 창조하셨습니다. 아담과 이브 이야기도 있잖습

니까?

 여기는 지구법정입니다. 종교와 관련한 민감한 문제는 제외

하도록 하세요. 이때까지 과학에 대한 판결을 했는데 아직도

딴소리니 원…… 원고 측, 변론하세요.

 고생물 전문가 왕안경 박사를 증인으로 요청합니다.

얼굴의 반을 가릴 정도로 큰 안경을 쓴 왕안경 박사가

증인석에 앉았다.

 박사님, 포유류가 먼저입니까, 어류가 먼저입니까?

 결론부터 말하자면 어류가 먼저입니다.

 왜 그런 것입니까?

 최초의 생물은 바다에서 생겼다는 것이 가장 중요합니다. 물론 바다에 생물이 살았을 때 육지에서도 생물이 살고 있었지만 그 생물들은 곤충 등 척추가 없는 것들이었죠. 척추가 있는 동물 중에서 가장 먼저 나온 것이 어류입니다. 포유류는 바다에서 살기에 적합하지 않은 구조입니다.

 하지만 고래가 있지 않습니까?

 물론 고래는 바다에서 살지만 해수면으로 올라와 숨을 쉬어 주지 않으면 안 됩니다. 왜냐하면 물속에서 숨을 쉴 수 있는 아가미가 없기 때문이죠.

 그렇군요. 그러면 어류에서 포유류로 바로 진화했습니까?

 아닙니다. 물속에서만 살 수 있는 어류에서 물과 육지 모두에서 살 수 있는 양서류로 진화했습니다. 양서류는 파충류로 진화했고요.

 그러면 포유류는 공룡이 멸종하고 나서 생긴 것입니까?

 그건 아닙니다. 공룡이 살고 있을 때에도 포유류는 존재했으나 쥐와 비슷하게 작은 동물이었고 공룡이 멸종하고 나서 신생대에 들어 번성하기 시작한 것입니다.

> ### 인류의 출현
>
> 신생대에서 가장 중요한 사항은 인류의 출현입니다. 인류는 분류학적으로 영장목에 속하는데, 영장목의 선조는 신생대 초기의 여우원숭이와 안경원숭이에서 시작되어 신생대 중기의 원숭이류를 거쳐 신생대 말기에 인류의 선조가 되는 원인으로 발전합니다. 최초의 원인은 오스트랄로피테쿠스(Australopithecus africanus)로, 이 원인은 두개골의 크기가 현대인의 반 정도밖에 안 되었고, 아직 턱과 이마의 구조가 원숭이류와 유사하였습니다.

인간은 언제 생긴 것이죠?

 신생대 말기입니다. 지구 최초의 생명체가 나타났던 시기에 비하면 인간이 생긴 것은 매우 최근의 일입니다.

 최초의 생물은 바다에서 생겼습니다. 즉, 바다에 살기 적합한 구조를 가지고 있어야 하는 것이죠. 어류와 포유류를 비교하였을 때 어류가 물에서 살 수 있는 조건을 가지고 있습니다. 그리고 몇몇 어류가 물 밖으로 나와 양서류로 진화했고 그것이 단계를 거쳐 포유류까지 오게 된 것입니다.

 판결합니다. 바다에서 최초의 생명체가 태어났고 이후 바다 밖에서도 생명체가 살았지만 그것은 곤충 등의 무척추동물입니다. 어류와 포유류는 척추동물이라는 점에서 비교했을 때 분명 관련이 있을 것입니다. 바다에서 생명체가 탄생해서 육지로 올라갔다고 한다면 그 전에는 바다에서 살아야 하는데 포유류보다는 어류가 더 바다에서 살기 좋은 구조입니다. 따라서 어류가 포유류보다 먼저 지구상에 나타났음을 판결합니다.

판결 후 마박희는 동물의 진화에 관심을 보여 동물 진화에 대한 책을 여러 권 읽었다.

과학성적 끌어올리기

지질시대

우리나라에도 삼국시대, 고려시대, 조선시대가 있듯 지구 역사에도 아주 오래전의 시대로부터 선캄브리아대, 고생대, 중생대, 신생대라는 지질시대가 있습니다.

어떤 기준으로 지질시대를 나눌까요?

지구의 나이는 46억 살인데 지구에 지각이 만들어진 38억 년 전부터 지금까지를 지질시대라고 합니다. 그리고 당시에 살았던 생물들이 변하는 것으로부터 지질시대를 나눌 수 있습니다. 당시 어떤 생물이 살았는지는 화석을 통해 알 수 있습니다.

지질시대

선캄브리아대: 38억 년 전부터 5억 7천만 년 전까지

고생대: 5억 7천만 년 전부터 2억 4천만 년 전까지

중생대: 2억 4천만 년 전부터 6천 5백만 년 전까지

신생대: 6천 5백만 년 전부터 현재까지

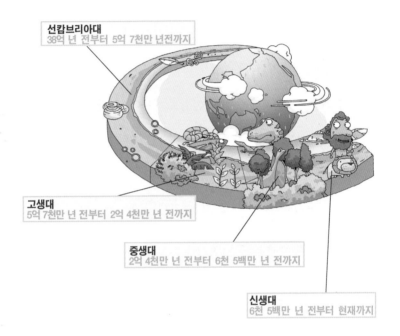

선캄브리아대
38억 년 전부터 5억 7천만 년전까지

고생대
5억 7천만 년 전부터 2억 4천만 년 전까지

중생대
2억 4천만 년 전부터 6천 5백만 년 전까지

신생대
6천 5백만 년 전부터 현재까지

선캄브리아대에는 어떤 생물이 살았을까요?

선캄브리아대는 아주 옛날이라 볼 만한 생물이 별로 없었습니다. 또 이 시기에는 생물들의 수도 적고 생물들의 몸이 연해서 화석으로 발견된 것이 별로 없습니다.

이때의 화석으로는 35억 년 전의 스트로마토라이트와 32억 년 전의 박테리아 화석 정도가 발견되었습니다.

과학성적 끌어올리기

고생대에는 어떤 생물이 있었을까요?

고생대의 대표적인 식물은 고사리입니다. 물론 그 당시의 고사리는 지금의 것과는 비교도 안 될 정도로 컸습니다. 당시에는 고사리가 거대한 숲을 이루고 있었으며 매우 큰 잠자리들이 고사리 숲 사이를 날아다녔습니다.

또한 고생대 때는 생물들이 주로 바다에 살았습니다. 대표적인 것으로는 삼엽충이나 갑주어가 있습니다. 삼엽충은 얕은 바다의 바닥에 살던 생물입니다.

중생대의 대표적인 생물에는 무엇이 있을까요?

중생대의 대표적인 생물은 최초의 파충류인 공룡입니다. 공룡은 모두 난폭했을까요? 그렇지는 않습니다. 메라노로사우르스처럼 온순한 초식 공룡도 있고 티라노사우르스처럼 난폭한 육식 공룡도 있었습니다.

이때는 새의 조상인 시조새가 처음 나타났습니다. 또 중생대의 바다에는 암모나이트가 많이 살고 있었습니다.

중생대 때는 지구가 건조했습니다. 그래서 건조한 기후에 잘 적응할 수 있는 소나무나 은행나무가 번성했습니다.

신생대 때 드디어 인류가 나타났습니다. 또한 이때는 거대한 코끼리의 조상이라고 볼 수 있는 매머드가 많이 살았습니다. 포유류가 많이 나타나 이 시대를 포유류의 시대라고도 부릅니다. 그리고 이때는 주로 속씨식물이나 쌍떡잎식물이 번성했습니다.

제5장

바다에 관한 사건

바다와 빛 – 캄캄한 바다 속

바다 폭포 – 바다 속에 있는 폭포

바다 온천 – 바다 속에 있는 온천

산호 – 산호를 지켜야 하는 이유

바다 생물 – 수족관의 고래

캄캄한 바다 속

바다 속 아주 깊은 곳에서는 왜 아무것도 보이지 않을까요?

"여기 좀 봐."

나인어가 친구 김마리에게 전봇대에 붙어 있는 광고지를 가리키며 소리쳤다.

"환상의 잠수함 여행? 아름다운 바다 속의 모습을 볼 수 있는 절호의 찬스, 안구라 여행사가 책임지겠습니다. 오호, 이건 잠수함 여행에 관한 광고구나."

"어차피 이번 크리스마스는 남자 친구 없는 사람끼리 보내자고 했잖아. 크리스마스를 바다 속에서…… 흠, 근사하지 않니?"

"재미있을 것 같은데…… 그럼 우리 어서 신청하자."

나인어와 김마리는 서둘러 광고지에 있는 전화번호로 전화를 걸어 크리스마스 날에 가기로 예약을 했다.

드디어 크리스마스 당일, 나인어와 김마리는 먹을 것을 잔뜩 싸들고 안구라 여행사가 준비한 잠수함이 있는 동해로 출발했다. 겨울 날씨라 그런지 바닷바람이 두 사람의 옷깃을 여미게 했다.

"크리스마스에 여자끼리 좀 그렇다."

"뭐가 좀 그래? 우리 둘이서도 충분히 즐겁게 지낼 수 있다고. 내 이름처럼 바다 속의 인어가 되어 보자."

"오케이! 출발!"

노란 잠수함이 바다 위에 떠 있었다. 사람들은 바다 속을 구경한다는 기대감에 부풀어 얼굴에 웃음을 머금고 잠수함에 올랐다. 나인어와 김마리도 잠수함을 놓칠세라 서둘러 탑승했다. 잠수함은 사람들을 태우고 바다 속으로 들어가기 시작했다. 그때 방송이 흘러나왔다.

"뜻 깊은 크리스마스에 안구라 여행사가 주관하는 잠수함 여행에 참석해 주신 여러분께 깊은 감사를 드립니다. 지금부터 동해의 깊은 심해를 둘러볼 예정입니다. 모두 즐거운 시간 보내시길 바랍니다."

나인어와 김마리는 아침도 안 먹고 와서 혹시 아름다운 광경을 놓칠세라 창문에서 눈을 떼지 않고 우걱우걱 김밥과 우유를 입에 집어넣었다.

"여기가 바로 동해의 심해입니다. 아름다운 모습을 눈에 담아 두시기 바랍니다."

사람들은 웅성거리며 창문으로 시선을 집중시켰다. 나인어와 김마리도 창문에 얼굴을 대고 열심히 바다 속을 살폈다. 그러나 바다 속은 캄캄했고, 그 어떤 것도 보이지 않았다.

"뭐야?"

"이게 무슨 심해야?"

"아무것도 안 보이잖아. 이걸 심해라고 보여 주는 거야?"

사람들의 불만이 여기저기서 터져 나왔다. 나인어와 김마리도 목청껏 불만을 외쳤다. 불만이 점점 심해지자 함장은 사람들에게 서둘러 말했다.

"심해는 원래 캄캄한 곳입니다. 그러니 어쩔 수가 없습니다."

"그럼 조명을 준비했어야지."

나인어와 김마리는 함장의 말에 더욱 발끈해서 소리쳤다.

"조명도 준비하지 않고 심해를 보여 준다고 한 이 여행사를 고소해야 합니다. 여러분, 어떻습니까?"

"옳소. 우리를 기만한 안구라 여행사는 각성하라."

나인어와 김마리의 주도하에 사람들은 안구라 여행사를 지구법정에 고소했다.

태양에서 오는 빛은 바닷물 알갱이에 흡수됩니다.
파장이 긴 붉은빛에서 시작하여 파장이 짧은 빛까지
모두 흡수되고 나면 캄캄해집니다.

여기는 **지구법정**

깊은 바다 속에서는 왜 아무것도
안 보일까요?
지구법정에서 알아봅시다.

 재판을 시작합니다. 먼저 피고 측 변론하

세요.

 깊은 바다 속에서 좀 안 보이면 어떻습니

까? 대충 우리가 바다 속에 들어갔다 왔다는 것만 자랑하면

되는 거지요? 그런 걸 가지고 뭘 고소까지 하는지…… 정 바

다를 보고 싶으면 얕은 바다로 들어가면 되잖아요? 안 그렇

습니까? 판사님.

 글쎄요. 재판을 지켜보죠. 그럼 원고 측 변론하세요.

 심해 연구소의 기퍼라 박사를 증인으로 요청합니다.

파란 바다 무늬가 새겨진 티셔츠를 입은 40대의 남자가

증인석으로 들어왔다.

 증인이 하는 일은 뭐죠?

 심해에 대한 연구를 하고 있습니다.

 심해가 뭐죠?

 깊은 바다를 그렇게 부릅니다.

단어가 좀 어렵군요. 아무튼 본론으로 들어가서 묻겠습니다. 정말 깊은 바다로 들어가면 아무것도 안 보입니까?

물론입니다. 5m 정도만 내려가도 붉은색은 거의 사라지고 70m를 내려가면 푸른색마저 사라지지요. 그리고 150m를 내려가면 모든 색깔의 빛이 사라져 암흑천지가 되지요.

그 이유는 뭐죠?

태양에서 오는 빛이 바닷물에 흡수되기 때문입니다.

왜 흡수되는 거죠?

바닷물 알갱이들이 흡수하기 때문입니다.

그럼 왜 붉은빛이 제일 먼저 사라지지요?

바닷물 알갱이들은 파장이 긴 붉은색을 흡수하여 공명을 일으키고 이로 인해 바닷물의 온도가 올라갑니다. 이렇게 파장이 긴 붉은빛은 바다 알갱이에 잘 흡수되고 파장이 짧을수록 덜 흡수되는 경향이 있지요. 그래서 파장이 제일 긴 붉은빛이 흡수되고 파장이 짧은 다른 빛들은 점점 더 깊은 곳까지 진행하지만 점점 흡수되는 양이 늘어나 아주 깊은 바다 속까지는 진행할 수 없는 거죠. 그게 150m 정도라고 보면 됩니다.

그렇군요. 그럼 깊은 바다로 여행객을 데리고 갈 때는 조명이 필수적이군요.

물론이죠. 그래서 아주 깊은 바다의 물고기들 중에는 스스로 빛을 내는 것들도 있습니다.

답변 감사합니다.

 그렇다면 조명을 가지고 가지 않은 여행사가 잘못한 것이군요. 앞으로 깊은 바다를 여행하는 여행사는 반드시 대형 조명을 지참할 것을 명령합니다.

 심해어는 어떻게 큰 압력을 버틸 수 있을까요?

심해어는 몸속에 공기주머니가 없고 대신 물이 많이 들어 있습니다. 즉 부레가 없다는 것입니다. 이는 엄청난 수압을 견뎌 내기 위해서입니다. 그런 이유로 심해어들은 몸 밖의 수압과 몸 안의 수압이 평형을 이루어 터지지 않고 잘 살 수 있습니다.

바다 속에 있는 폭포

바다 속에도 폭포가 존재한다는 게 가능할까요?

세계워터회의는 모든 나라의 물에 관한 협회가 참여해서 새로운 학설이나 사실들을 발표하며 물에 관한 연구를 하는 회의이다. 요즘 석유의 고갈과 더불어 제3의 에너지로 각광 받고 있는 '수소가 풍부한 물'에 대한 관심이 높아지면서 세계워터회의는 점점 힘을 얻고 있다. 그래서 처음에 참가국은 10개 정도였지만 그 숫자가 늘어 올해에는 지금까지 최다 참가국인 150여 개국이 참가했다.

그렇게 큰 회의인 세계워터회의가 올해에 서울에서 개최되었다. 수많은 나라가 참여하기 때문에 한국에서는 심혈을 기울여 준비했고 드디어 오늘 세계워터회의가 코엑스에서 열렸다. 세계 각국 대표단이 속속 도착했고, 전 세계의 카메라는 그들의 모습을 담기 위해 열심히 촬영하기 시작했다. 마지막으로 일본 대표가 도착함으로써 올해의 세계워터회의가 시작되었다.

"오늘 세계워터회의를 한국의 수도 서울에서 개최하게 되어서 기쁘게 생각합니다. 각 나라의 대표단은 그동안 준비해 온 것을 이 자리에서 마음껏 펼쳐 보이시기 바랍니다. 그럼 세계워터회의를 시작하겠습니다."

세계워터기구의 총장인 로버트 워터가 회의의 시작을 알렸다. 각 나라의 대표들은 준비해 온 자료를 차례대로 발표하기 시작했다. 많은 나라가 참여했지만 올해는 그동안의 물에 대한 사실을 뒤엎을 만한 엄청난 자료는 나오지 않았다. 드디어 마지막 발표자인 한국 대표 박샘물 씨가 일어났다.

"한국의 바다 연구가인 박샘물입니다. 저는 오늘 엄청난 사실을 여러분께 발표하려고 이 자리에 나왔습니다."

박샘물은 자신이 준비한 자료를 화면에 띄우고 그 앞에 서서 자신 있게 자신의 주장을 펼치기 시작했다.

"그동안 세계 모든 사람들은 폭포가 강에만 있다고 알고 살아왔고 지금도 그렇게 알고 있습니다. 하지만 이 사실은 사실무근이었습니다. 바다 속에도 폭포가 있습니다. 정말 놀라운 사실이지 않습니까?"

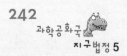

순간 세계워터회의장은 웅성거림으로 가득 찼다. 그만큼 박샘물의 폭탄선언이 엄청난 여파를 주었기 때문이다. 그때 잠자코 있던 일본 대표인 쯔끼다시 상이 자리에서 일어나 외쳤다.

"그 사실은 잘못되었습니다. 모두 그저 자리에 앉아 있지만 말고 제 의견에 동의해 주십시오. 저는 일본 강물협회에 속해 있는 사람으로 이 부분에 대해 정확히 알고 있습니다. 분명 폭포는 강에만 존재하지, 바다에는 존재하지 않습니다."

"아닙니다. 분명 바다 속에도 폭포가 존재합니다. 여기에 자료도 있습니다."

"하하하, 바다 속에 폭포가 있다니…… 지나가던 개도 웃겠습니다. 바다는 온통 물밖에 없는데 어떻게 폭포가 생길 수 있단 말입니까?"

일본 대표 쯔끼다시 상의 말에 참가국의 대표들은 일본 대표의 의견에 힘을 실어 주기 시작했다.

"분명 바다 속에도 폭포는 존재합니다. 저는 이 사실을 바로잡기 위해서라도 국제 지구법정에 소송을 걸겠습니다."

"하하하, 법정이라…… 이거 재미있겠는데요."

그리하여 이 문제는 국제 지구법정에서 다루어지게 되었다.

바다 속에서도 상대적으로 온도가 낮고
염분 농도가 높은 물은
더 아래로 흘러들어 바다 속 폭포를 만듭니다.

바다 속에도 폭포가 있을까요?
지구법정에서 알아봅시다.

 재판을 시작합니다. 먼저 지치 변호사, 본
인의 의견을 말하세요.

 폭포라는 것은 높은 곳의 물이 아래로 떨
어지는 것입니다. 그런데 바닷물에서 물이 떨어지다니요? 그
게 말이 됩니까? 정말 어처구니없는 생각입니다. 아무튼 이런
사기 과학은 반드시 사라져야 합니다. 그게 제 의견이지요.

 그럼 어쓰 변호사 의견 말하세요.

 바다 폭포를 오랫동안 연구한 물떠러 박사를 증인으로 요청
합니다.

붉은색 나비넥타이에 체크무늬 양복을 입은 50대 남자
가 증인석에 나타났다.

 정말 바다에 폭포가 있습니까?

 있습니다.

 어디에 있죠?

 바다 속에 있습니다.

가장 깊은 해구

해구란 대륙판과 해양판이 만나는 곳입니다. 해구는 해양판이 대륙판 밑으로 파고 들어가기 때문에 깊은 골짜기처럼 파여 있어 지진이 자주 일어나는 곳입니다. 마리아나 해구는 북마리아나 제도의 동쪽을 따라 남북 방향으로 2,550km가량 뻗어 있는 해구로 길이 2,550km, 평균 너비 70km, 수심은 7,000~8,000m입니다. 1960년에는 심해 잠수정 트리에스테 2호가 해저까지 도달하였습니다(1만916m 잠수).

 증인, 지금 장난하십니까?

 저는 정성껏 답변하는 건데요.

 어쓰 변호사, 좀 제대로 물어요.

 알겠습니다. 그럼 바다 폭포는 왜 생기는 거죠?

 물의 온도 차와 염분의 농도 차이 때문에 생깁니다.

 그게 무슨 말이죠?

 차고 염분의 농도가 높은 물은 무겁고, 반대로 뜨겁고 염분의 농도가 낮은 물은 가볍습니다. 그럼 무거운 것과 가벼운 것 중 어느 것이 아래로 가지요?

 당연히 무거운 것이죠.

 바로 그겁니다. 이렇게 무거운 물이 해구 쪽으로 흘러 들어가면서 폭포가 생기는 거죠.

 정말 신기한 바다 속이군요.

 물론이죠.

 증인의 친절한 설명을 통해 우리는 바닷물 속에서도 물이 위에서 아래로 떨어지는 폭포가 만들어질 수 있다는 것을 알았습니다. 그러므로 바다 폭포는 실제로 존재한다고 결론을 내리겠습니다.

바다 속에 있는 온천

바다 속에 있는 온천은 어떻게 생겨났을까요?

"요즘 아주 경기가 완전히 얼어붙었어. 요즘 들어 관광사가 너무 많이 생기니까 이렇게 손님도 없고 사무실엔 파리만 날리지. 휴."

산타자 관광사에 근무하는 봉우리의 한숨이 늘어갔다. 아무리 관광사의 경기가 얼어붙었어도 요즘처럼 어려운 적은 없었기 때문이다. 손님은 코빼기도 안 보이고 파리만이 마치 제 집인 양 윙윙 거리며 날아다닐 뿐이다. 봉우리는 자신 앞에서 날아다니는 파리 한 마리를 손으로 잡아 바닥에 팽개쳤다.

"요즘엔 파리 잡는 기술만 느는군. 휴, 오늘도 손님이 안 오려나?"

하지만 창밖에는 봉우리와 함께 일하는 골자기가 사무실로 걸어 올 뿐 다른 그림자는 보이지 않았다. 조금 있다가 사무실 문이 열렸고, 골자기는 설레발을 치며 봉우리에게 다가오며 말했다.

"이봐, 이것 좀 보게."

"손님도 없어 죽겠는데 뭘 보라는 거야? 재미없으면 죽을 줄 알아."

"보면 봉우리 자네도 놀랄 거야."

골자기는 자신이 들고 온 전단지를 봉우리의 손에 쥐어 줬다. 봉우리는 흥미 없다는 듯 건성으로 전단지를 쳐다봤다. 그러나 봉우리의 눈이 점점 커지기 시작했다.

"이, 이게 뭐야? 바다 속에 온천이 있다고? 거기서 하루를 보내는 패키지 광고잖아. 이럴 수가…… 바다 속에 온천이 있다는 게 말이 돼?"

"그러니깐 내가 재미있을 거라고 했잖아. 그런데 과연 바다에 온천이 있을까?"

"말이 안 되잖아. 물밖에 없는 바다에 어떻게 온천이 있을 수 있으며 또 거기서 어떻게 하룻밤을 묵는다는 거야. 이건 허위 광고야."

"하하하, 들고 보니 그런 것 같기도 하군."

"안 그래도 장사가 안 되어서 죽겠는데 이런 허위 광고를 하다니…… 내가 가만두지 않을 거야."

봉우리는 서둘러 바다 속에 온천이 있다고 광고한 씨월드 관광사로 향했다. 봉우리가 씨월드 관광사에 도착했을 때 씨월드 여행사 앞에는 줄을 서서 기다리는 손님들이 가장 먼저 눈에 띄었다.

"이런 불경기에 허위 광고로 사람들을 끌어들여 자신의 뱃속을 채우려고 하다니…… 절대 가만두지 않을 것이다."

봉우리는 씩씩거리며 씨월드 관광사의 문을 발로 차며 들어갔다.

"당신들 이렇게 허위 광고를 하면서 손님을 끌어들일 수 있는 거야? 사람이 양심이 있다면 이런 광고를 하면 안 되지."

갑작스런 봉우리의 등장에 씨월드 사무실에 있던 모든 사람의 시선이 봉우리로 향했다.

"무슨 일로 오셨습니까?"

"당신이 여기 사무실 사장이야? 바다 속에 온천이 있다는 것이 말이 되냐고? 거기에 하루를 보내는 패키지라니…… 나 참, 어이가 없어서……."

"당신은 알지도 못하면서 왜 남의 사무실에 와서 화를 내는 겁니까? 바다 속에는 분명 온천이 있고, 거기에서 하룻밤을 보낼 수 있습니다."

"하하하, 이 사람들이 개그맨도 아니면서 날 웃기네. 물밖에 없는 바다에 어떻게 온천이 있단 말이야. 정말 말도 안 되는 말만 늘어놓는군."

"그렇게 못 믿겠으면 지구법정으로 가서 확인해 보시겠습니까?"

"좋소. 어차피 장사도 안 되는데, 잘됐군요. 각오 단단히 하시오."

"그건 제가 할 말입니다."

이렇게 해서 산타자 관광사와 씨월드 관광사는 지구법정에서 사실 여부를 확인하기로 하였다.

바다 속 한 지역에서 지각이 갈라져
마그마가 바닷물을 데우면
그 지역은 다른 곳보다 물이 훨씬 따뜻해집니다.

바다 속에도 온천이 있을 수
있을까요?
지구법정에서 알아봅시다.

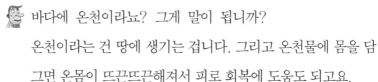

🎩 재판을 시작합니다. 먼저 지치 변호사, 의
견 말하세요.

🎩 바다에 온천이라뇨? 그게 말이 됩니까?
온천이라는 건 땅에 생기는 겁니다. 그리고 온천물에 몸을 담
그면 온몸이 뜨끈뜨끈해져서 피로 회복에 도움도 되고요.

🎩 지금 무슨 말을 하는 거요? 지치 변호사!

🎩 바다와 온천은 절대로 어울릴 수 없는 단어입니다. 그러므로
이런 재판을 계속한다는 것은 지구법정에 대한 수치라는 게
제 생각입니다.

🎩 그건 나중에 두고 보면 알겠지요. 그럼 어쓰 변호사, 의견 말
해 주세요.

🎩 바다 지형 연구소의 바지라 박사를 증인으로 요청합니다.

40대의 남자가 흘러내리는 바지를 위로 추켜올리며
법정으로 들어왔다.

🎩 증인이 하는 일은 뭐죠?

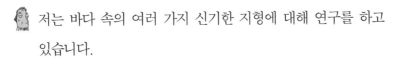 저는 바다 속의 여러 가지 신기한 지형에 대해 연구를 하고 있습니다.

정말 바다에 온천이 있나요?

있습니다. 바다의 온천은 물이 다른 곳보다 뜨뜻한 곳을 말합니다.

그런 곳이 왜 생기는 거죠?

바다나 육지나 모두 지각입니다. 지각의 아래에는 맨틀이 있고 맨틀의 위에는 뜨거운 마그마가 있습니다.

그거랑 바다 온천이랑 무슨 관계가 있죠?

바로 마그마가 온천을 만드니까요.

 해령

수심 4,000~6,000m의 바다 밑에는 육지에서의 대산맥과 같이 규모가 웅대한 지형을 볼 수가 있습니다. 이것을 해저의 거대한 산, 즉 해령이라고 합니다. 지구과학자들의 말에 의하면 해령의 생성은 판 구조론으로 설명할 수 있다고 합니다.

판 구조론이란 지구의 가장 바깥쪽을 구성하는 지각과 맨틀의 상부가 몇 개의 판으로 나뉘고, 그것들이 서로 일정한 방향으로 움직이고 있다는 것입니다. 이 이론에 의하면 해령은 맨틀에서 마그마가 지각을 뚫고 나와 판이 생성되는 곳입니다. 해령은 너비가 넓은 것도 있고 좁은 것도 있는데, 이것은 맨틀로부터 분출된 마그마의 양이 많고 적음에 따른 것입니다. 해령에서 생성된 판은 양쪽으로 떨어져 이동하게 됩니다. 그리고 이로 인해 해령의 축에 갈라지는 틈이 생기고, 이 틈새로 맨틀에서 녹은 암석 마그마가 다시 솟아올라 분출하게 됩니다. 여기서 마그마는 식어서 굳어지고 새로운 판으로서 낡은 판에 덧붙게 되어 양쪽으로 이동해 나가게 됩니다. 이것은 바로 해양저 확대 현상이라고 합니다. 결국 해령에서 판이 끊임없이 생성되고, 해양저 확대 현상을 통하여 오래된 판은 점차 해령에서 멀리 밀려 나가며 새로운 판이 다시 생성되는 것입니다. 해령으로부터 멀리 이동한 오래된 판은 나중에 해구에서 다시 침강하게 됩니다.

그게 무슨 말이죠?

바다 지각이 갈라지면서 지구 속의 뜨거운 마그마가 뿜어져 나와 바닷물을 뜨겁게 만들기 때문에, 그 지역의 물이 다른 바닷물보다 따뜻해서 바다 온천이 만들어지는 것입니다.

정말 바다 속이란 요상한 곳이군요.

그렇습니다.

판결하겠습니다. 육지에 사는 사람들은 바다는 물로 되어 있으니까 육지에 있는 것이 없다고 단정을 하는데, 그것은 잘못된 편견인 것 같군요. 증인의 말대로 바다에는 온천이 있다고 결론을 내리겠습니다.

산호를 지켜야 하는 이유

산호는 지구 환경을 위해 무슨 일을 할까요?

사건속으로

과학공화국은 나라 이름에서 알 수 있듯 과학자들이 많이 배출되는 나라이다. 이런 과학공화국의 가장 큰 보물은 바로 전 세계에서 최대 규모인 산호초 지대이다. 그곳의 아름다움은 전 세계에서도 인정할 만큼 화려함을 자랑한다. 희귀한 산호도 상당수 존재하기 때문에 매년 과학공화국을 찾는 관광객의 수는 늘어만 갔다. 과학공화국은 산호를 최대 전략 자원으로 지정하고 관광객의 수를 늘리기 위해 늘 연구했다. 그래서 과학공화국에서는 일주일에 한 번씩 과학자들을 모아 놓고 산호초 지대를 어떻게 더 효과적으로 홍보하여 관광객의 수를 늘릴 것인지 그 방안을 모색했다.

"자, 이번 주 주간 회의를 열겠습니다. 지난 주 우리 과학공화국을 찾은 관광객은 그 전주에 비해 20%가 줄었습니다. 벌써 8주 연속으로 관광객 수가 줄고 있는데, 이에 대한 대책을 마련하는 것이 시급하다고 생각됩니다. 과학자들 중에 좋은 의견을 가지고 있는 분은 이 자리에서 의견을 제시해 주시기 바랍니다."

그러나 과학공화국의 대통령 알까리나의 말에 과학자들은 어찌할 바를 몰라 고개만 숙이고 있었다. 그 모습을 본 알까리나 대통령은 한숨을 쉬더니 책상을 치며 일어났다.

"지금 나라에 큰 위기가 닥쳤는데, 이 나라를 이끌어가는 과학자라는 사람들이 이렇게 의견이 없어서야 어떻게 나라를 위기에서 구할 수 있겠소. 정말 한심하기 그지없소."

알까리나 대통령의 한숨 소리만 회의장을 가득 메웠다. 그 때 알인슈타인이 유레카를 외치며 일어났다.

"존경하는 알까리나 대통령 각하, 저에게 좋은 생각이 떠올랐습니다."

알인슈타인의 말에 대통령을 포함한 모든 과학자가 알인슈타인에게 시선을 고정시켰다.

"오호, 좋은 생각이 있다는 말이 사실이오? 어서 말해 보시오."

"네, 알겠습니다. 우리나라는 솔직히 산호초 지대를 보기 위해 몰려드는 관광객으로 많은 돈을 벌어들인다고 해도 과언이 아닙니다. 그 정도로 우리나라가 관광에 의존한다는 말입니다. 하지만 최근 관광객의 수가 줄어들고 있고, 그것이 곧바로 나라의 경제에 타격을 입히고 있습니다. 이런 악순환이 계속된다면 우리나라의 경제도 장담할 수 없는 일입니다. 이 위기를 극복하기 위해선 관광객들이 다시 우리나라를 찾아오게 하는 방법밖에는 없습니다. 그러기 위해서 우리나라에만 있는 희귀 산호를 포함한 산호를 상품화시키는 것이 어떻겠습니까? 그럼 그걸 사기 위해 많은 관광객이 다시 우리나라로 몰려올 것입니다."

알인슈타인의 말에 대부분의 과학자들이 박수를 치며 적극적으로 동의했다.

"그거 좋은 방법인 것 같군요. 하하하. 역시 알인슈타인 과학자입니다."

알까리나 대통령은 흡족해하며 엄지손가락을 세웠다. 그 때 화기애애한 분위기를 깨는 소리가 들렸다.

"그건 절대로 안 됩니다."

"아니 알까기 과학자, 왜 산호를 가공해서 수출하는 것에 반대하는 것이오?"

"산호는 엄청나게 중요한 보물입니다. 그걸 함부로 가공해 버리면 이 나라뿐만 아니라 전 세계에 문제가 생길 수가 있습니다."

"그런 말도 안 되는…… 나의 말에 반박하려면 지구법정에 설 각오를 해야 할 것이오."

"이 자리에 대통령이 계시지만 전 자신 있게 말할 수 있습니다. 제 말이 옳다고……."

"좋소, 그럼 지구법정에서 봅시다."

그리하여 알인슈타인 박사와 알까기 과학자는 이 문제를 지구법정에 의뢰하였다.

폴립이라는 동물은 연약한 몸을 보호하기 위해
산호를 만듭니다. 그러면 산호는 이산화탄소를 흡수해
온실 효과를 막습니다.

여기는 지구법정

산호는 동물일까요, 식물일까요?
그리고 산호가 필요한 이유는
무엇일까요?
지구법정에서 알아봅시다.

 재판을 시작합니다. 먼저 지치 변호사 변
론하세요.

 바다 속에 있는 모든 것들은 있으나 마나
한 것들입니다. 그러므로 아름다운 산호들을 가공해 수출하
면 경제적인 이득도 되고 얼마나 좋습니까? 그런 걸 왜 못하
게 막는지. 아무튼 좀 쓸데없이 반대만 하지 말고 나라의 이
익에 어떤 것이 도움이 되는지를 찾아야 할 것입니다. 그게
저의 변론입니다.

 어쓰 변호사 변론하세요.

 산호를 오랫동안 연구해 온 나사노 박사를 증인으로 요청합
니다.

아름다운 산호가 그려져 있는 티셔츠를 입은 50대의
남자가 증인석에 앉았다.

 산호는 어떤 식물이죠?

 산호가 식물이라고요?

 그럼 동물이에요?

 물론이죠.

 어째서죠? 산호는 분명 나뭇가지처럼
생겼는데…….

 산호는 폴립이라는 작은 벌레가 만들지
요. 폴립은 바다 속에서 수억 마리가 모
여 사는데 몸이 아주 연약해요. 그래서
몸을 보호하기 위해 탄산칼슘이라는 물
질로 돌처럼 단단한 껍질을 만들지요. 폴립이 죽고 단단한 껍
질들만 남은 것이 바로 산호예요. 산호를 자르면 구멍이 나타
나는데, 그게 바로 죽은 폴립이 있던 곳이지요.

산호칼슘

산호칼슘은 산호에서 추출된 미
네랄입니다. 약 35%가 칼슘이며
74종 이상의 미네랄을 공급해 줍
니다. 산호칼슘은 산호가 소화를
시킨 칼슘이므로 유기 미네랄입
니다. 이 미네랄은 물에 닿기만
하면 금방 이온화되어 인체에 쉽
게 흡수됩니다.

 산호는 빨리 자라나요?

 아니오. 산호는 1년에 수센티미터밖에 자라지 않아요. 그러니
까 거대한 산호초가 만들어지기 위해서는 오랜 세월이 걸리
지요.

 산호가 지구를 위해 큰 역할을 한다고 들었어요. 그건 무슨
말이죠?

 지구 대기에 이산화탄소가 많아지면 어떻게 되지요?

 온실 효과가 일어나 지구가 점점 더워진다고 들었어요.

 맞아요. 산호는 바로 지구의 온실 가스인 이산화탄소를 잘 흡
수하는 성질이 있어요. 그러니까 물속에 녹아 있던 이산화탄

소를 흡수하여 탄산칼슘을 만들어 내거든요. 그러니까 만약 산호가 없다면 물속의 이산화탄소들이 모두 하늘로 올라가 지구는 사람이 살 수 없을 정도로 뜨거운 행성이 될 거예요.

 산호가 이산화탄소를 바다에 가둬 두는군요.

 그렇지요.

 판사님, 그럼 이제 답이 나온 것 같죠?

 물론입니다. 우리는 나라의 부나 개인의 부보다 먼저 하나뿐 인 우리의 지구를 지키고 보존하는 데 더 힘을 쏟아야 할 것 입니다. 그런 면에서 볼 때 지구의 온실 효과를 막는 데 결정 적인 역할을 하는 산호를 없애려는 시도는 정말 말도 안 되는 일이라고 생각합니다. 그러므로 산호를 자르는 행위를 금지 하는 법을 만들 예정입니다.

수족관의 고래

고래는 왜 수족관에서는 살 수 없을까요?

사건속으로

"자~ 떠나자~ 고래 잡으러~."

방귀봉이 타고 있는 배에 고래잡이 노래가 울려 퍼졌다. 방귀봉은 열심히 노래를 흥얼거리며 배를 운전했다. 방귀봉은 이번에 고래의 멸종을 막기 위한 고래 보호 프로젝트의 일환으로 고래를 잡아서 수족관에서 보살피라는 정부의 지시를 받았다. 방귀봉은 커다란 배를 몰아 동해 먼 바다로 가고 있는 중이었다.

"내가 초등학교 때 고래를 잡은 이후로 고래 잡는 것은 처음이야."

"하하하. 김구라는 이번이 두 번째 고래잡이구나."

"그렇게 하면 두 번째라고 할 수 있지요."

김구라는 쑥스러워하며 머리를 긁적였다. 방귀봉은 그런 모습이 우스웠는지 박장대소하며 배를 운전했다.

"이번에 고래를 많이 잡아서 우리도 좋은 일 한번 해 보자고."

"네, 알겠습니다. 저 김구라 힘닿는 데까지 열심히 고래를 잡겠습니다."

방귀봉과 김구라의 호탕한 웃음소리가 동해를 가로질러 온 세상으로 전해지는 듯했다. 두 사람은 동해에 있는 고래를 매일 잡아서 인근에 있는 고래밥 수족관에 가져다주었다. 그렇게 잡은 고래는 수족관에서 지극 정성으로 보살핌을 받았다.

"오늘은 세 마리나 잡으셨네요."

"하하하, 김구라가 열심히 도와줘서 세 마리나 잡을 수 있었습니다."

방귀봉은 자신이 짝사랑하는 과학자 나공주의 칭찬에 몸 둘 바를 몰랐다. 나공주는 고래밥 수족관의 관리 책임자로 이번 프로젝트를 진행하는 과학자였다.

"수고하셨어요. 내일도 부탁해요."

"하하하, 맡겨만 주십시오. 제가 나공주 씨를 위해서 동해에 있는 모든 고래를 다 잡아 올 겁니다."

나공주는 방귀봉의 듬직한 모습을 보고 미소를 지었다. 나공주는 오늘 잡아 온 고래를 서둘러 수족관에 넣었다. 그런데 이상하게

도 전에 잡아 온 고래들의 상태가 별로 안 좋아 보였다.

"고래가 어디 아픈가? 수의사를 불러 진찰을 해야겠어."

나공주는 근처에 있는 동물병원에 전화를 걸어 수의사를 불렀다. 잠시 후 수의사가 도착했고, 나공주는 고래들이 있는 수족관으로 수의사를 안내했다.

"와, 이렇게 많은 고래를 이렇게 가까이서 볼 수 있게 될 줄은 몰랐어요. 정말 고래가 많네요."

"네, 이건 국가의 중대한 프로젝트입니다. 고래의 멸종을 막기 위해 고래를 이곳 수족관에 데리고 와서 안전하게 관리하고 보호하는 것입니다."

"그렇군요. 그런데 왜 저를 불렀습니까?"

"그런데 요즘 들어 갑자기 고래들의 상태가 안 좋아졌어요. 요즘 들어 밥도 안 먹고 움직임도 많이 둔해졌어요. 혹시 무슨 문제가 있는 것 아닙니까?"

"흠, 어디 보자. 정말 고래들의 상태가 안 좋은 것 같군요. 뭐가 문제지?"

수의사는 수족관을 찬찬히 살피기 시작했다.

"이럴 수가…… 이대로 이곳에 고래를 계속 넣어 두면 모든 고래가 다 죽을 수 있습니다. 어서 고래를 바다로 데리고 가야 합니다."

"왜 그래요? 이곳은 고래를 안전하게 보호하려고 만든 수족관인데……."

"이곳은 고래를 보호하는 것이 아니라 고래를 죽이는 곳이 될 겁니다."

"나 참, 무슨 근거로 그런 말을 하는 겁니까? 이곳은 얼마나 안전하게 만들어졌는데요. 그런 터무니없는 말로 계속 국가 프로젝트를 모독하면 지구법정에 소송을 걸겠어요."

"소송을 걸어도 좋습니다. 제 말을 무조건 들으셔야 합니다. 시간이 없어요."

나공주는 수의사의 말을 믿지 못하겠다는 듯, 결국 수의사를 상대로 지구법정에 소송을 걸었다.

고래는 아가미가 없어 물속에서는 숨을 쉴 수 없지만
산소를 오랫동안 몸속에 지니고 있을 수는 있습니다.
그래서 조금씩 쓰던 산소가 부족해지면 물 위로 올라와
한꺼번에 숨을 몰아 쉽니다.

여기는 지구법정

고래는 물속에서 숨을 쉴 수
있을까요?
지구법정에서 알아봅시다.

 판결을 시작하겠습니다. 원고 측, 변론하
세요.

 고래는 바다에서 사는 생물입니다. 바다
에서 살려면 물속에서 숨을 쉬어야 하는데, 실제로 고래는 바
다에 오랫동안 잠수하고 아주 가끔씩 물 밖의 세상이 궁금한
건지 수면 위로 떠오릅니다. 따라서 고래를 수족관에 넣어도
문제가 되지 않는다고 주장합니다.

 피고 측, 변론하세요.

 고래는 물에서 사는 유일한 포유류입니다. 과연 물속에서만
살 수 있을까요? 고래 전문가 고래장 박사를 증인으로 요청
합니다.

고래 인형이 붙은 모자를 쓴 고래장 박사가 증인석에
앉았다.

 어류가 물에서 살 수 있는 이유는 무엇입니까?

 아가미 때문입니다. 아가미 덕에 물속에 녹아 있는 산소로 숨

을 쉴 수 있습니다.

고래도 아가미가 있습니까?

고래는 아가미가 없습니다. 왜냐하면 포유류이기 때문에 폐로 숨을 쉬기 때문이죠.

그렇다면 포유류의 특징을 설명해 주세요.

포유류는 폐로 숨을 쉬는 동물입니다. 그리고 알이 아닌 새끼를 낳아 젖을 먹입니다. 그리고 늘 똑같은 체온을 유지합니다. 척추동물 중에서는 가장 고등한 동물입니다.

고래는 바다 속에 오래 있을 수 있는데, 그 이유가 무엇입니까?

고래는 한 번 숨을 쉬고 나면 산소를 오랫동안 가지고 있을 수 있는 능력이 있습니다.

고래가 수면 밖으로 나오는 이유는 숨을 쉬기 위해서인가요?

그렇습니다. 물속에서 가지고 있던 산소를 조금씩 쓰다가 산소가 부족할 때 물 위로 떠올라 숨을 쉬는 것입니다.

고래의 등에 있는 구멍은 무엇입니까?

숨구멍입니다. 그곳은 사람으로 따지면 콧구멍과 같은 것입니다. 그 구멍으로 숨을 쉽니다.

바닷물은 차가워서 고래가 살기에 힘들지 않을까요?

고래 피부 아래에는 두꺼운 지방층이 있습니다. 그 지방은 옷과 같은 것이라 고래의 체온을 유지시켜 주는 역할을 합니다.

고래는 폐로 숨을 쉬는 포유류입니다. 따라서 긴 잠수를 할지

라도 한 번씩 밖으로 나와 숨을 쉬어 주어야 합니다. 하지만 수족관은 공기가 부족하므로 고래가 살기에 힘든 곳입니다.

 판결합니다. 고래는 포유류이므로 폐로 숨을 쉽니다. 바다에서 살기 위해 산소를 저장할 수 있는 능력을 가지고 있으나 그 산소를 다 쓰게 되면 물 위로 올라와 숨을 쉬어 산소를 다시 얻어야만 살 수 있습니다. 하지만 수족관의 경우 공기가 부족하여 고래가 숨을 쉬지 못하여 병을 얻은 것입니다. 따라서 고래를 당장 바다로 돌려보낼 것을 선고합니다.

판결 후 고래들은 바다로 돌려보내졌고, 한동안 수의사들의 도움을 받은 후 건강을 되찾게 되었다.

 ### 가장 큰 고래

고래 중에서 가장 큰 것은 향유고래로 향고래, 말향고래라고도 합니다. 대형 이빨 고래로서 몸길이는 수컷이 15~20m, 암컷이 13m나 됩니다. 몸무게는 수컷이 35~70t, 암컷이 15~20t 정도 나갑니다. 이빨고래류 중에서 가장 큰 고래입니다. 온몸이 회색이나 배 쪽에 담색의 얼룩점이 있는 개체가 많습니다. 몸 빛깔은 나이와 더불어 백화가 되는 경향이 있습니다. 머리는 성장에 따라 커져서 몸길이의 3분의 1 정도를 차지하게 됩니다. 등지느러미는 없지만 파도 모양의 피부 돌기가 있습니다. 아래턱은 통나무처럼 가늘며 길며 한쪽에 20~28개의 큰 이빨이 있습니다. 위턱의 이빨은 퇴화되어 작아져서 눈에 띄지 않습니다.

과학성적 끌어올리기

바다

바닷물은 왜 짤까요?

바로 짠맛을 내는 염류들이 들어 있어서 그렇습니다. 바닷물에 녹아 있는 염류의 약 78%는 우리가 흔히 소금이라고 부르는 염화나트륨이고, 염화마그네슘이 약 11%를 차지합니다. 그리고 황산마그네슘, 황산칼슘, 황산칼륨 등의 순으로 녹아 있습니다. 염류의 총량을 염분이라고 하는데, 약 35‰(퍼밀) 정도입니다. 바닷물 1000g 속에 들어 있는 염분의 양이 35g일 때 이것을 35‰이라고 합니다.

염류는 왜 생길까요?

대부분 강으로부터 바다로 흘러 들어오는데, 바다가 뜨거워지면 물만 수증기가 되어 올라가고 무거운 염류는 바다에 남습니다. 그럼 그 수증기가 비가 되어 강에 내리고 강물이 바위나 흙을 깎아내면서 그 속에 있는 물질을 바다로 실어 갑니다. 그래서 바다에 염류들이 생기는 것입니다.

염류가 생기는 이유가 한 가지 더 있습니다. 바로 바다 속에서 화산이 폭발하는 것입니다. 이것을 해저 화산이라고 합니다. 그리하여 지하 깊숙한 곳에 있던 물질들이 화산 폭발로 바다에 쏟아져 나오게 됩니다.

계절이나 지역에 따라 염분이 달라질까요?

물론입니다. 염분은 여름에는 낮고 겨울에는 높습니다. 그리고 적도 지방보다는 중위도 지방이 염분이 더 높습니다.

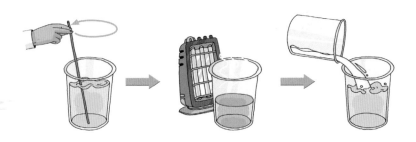

예를 들어 물 컵에 소금을 약간 넣어 잘 저으면 별로 짜지 않습니다. 하지만 소금물 근처에 아주 뜨거운 팬히터를 놓아 물을 증발시키면 소금물은 아주 짜집니다. 그랬다가 다시 물을 부으면 덜 짜지게 됩니다.

이렇게 물을 부어 주는 역할을 하는 것은 비입니다. 강수량이 증발량보다 크면 물이 더 많아지므로 염분이 낮아지고, 따라서 적도 지방이나 여름철에 염분이 더 낮은 것입니다.

황해와 동해 중에서 어느 곳의 염분이 더 낮을까요?

정답은 황해입니다. 황해에는 중국의 강이나 우리나라의 강물이 들어갑니다. 강물은 바닷물보다 염분이 적으니까 강물이 많이 유입된 황해의 염분이 더 낮습니다.

염분비 일정의 법칙

지역이나 계절에 따라 염분은 다르더라도 바닷물 속에 녹아 있는 염류들 사이의 상대적인 질량비는 일정합니다.

조류

조류는 밀물과 썰물을 말합니다. 바닷가에서는 하루에 두 번씩 밀물과 썰물을 볼 수 있습니다. 이런 현상을 조석이라고 하고, 이 때 바닷물의 흐름을 조류라고 부릅니다.

과학성적 끌어올리기

조류는 어떻게 생길까요?

조석 현상을 일으키는 힘을 기조력이라고 하는데, 이것은 달이나 태양의 만유인력 때문에 생깁니다. 그런데 태양보다는 달이 훨씬 가까우니까 기조력은 주로 달의 영향 때문에 생긴다고 볼 수 있습니다.

조류가 생기는 원리는 무엇일까요?

하나의 물체의 두 부분에 작용하는 힘의 차이가 일어나는 것입니다. 예를 들어 소매를 잡아당기면 잡아당긴 소매 부분은 큰 힘을 받고 반대쪽은 사람의 팔이 막아 주어, 소매의 양끝이 서로 다른 힘을 받게 되지요? 그 힘의 차이 때문에 소매가 찢어집니다. 이러한 원리로 기조력 현상이 생기는 것입니다.

마찬가지로 바닷물의 경우도 어떤 지점의 바다가 달과 가장 가까울 때면 달이 잡아당기는 만유인력이 가장 강해지니까 바닷물이 올라갈 것입니다. 그러니까 그 지역은 바닷물이 넘쳐 밀고 들어와 갯벌이 물로 가득 차게 될 것입니다. 이때가 하루 중에서 바닷물의 수위가 제일 높을 때입니다. 그리하여 이때를 만조라고 부릅니다.

반대로 지구가 돌아 바다가 달에서 멀어지면 달이 잡아당기는 만유인력이 약해져 바닷물의 높이가 낮아집니다. 해수면이 가장 낮아지는 이때를 간조라고 합니다. 이때는 물의 수위가 낮아져 갯벌에 들어왔던 물이 바다로 빠져나가고 갯벌은 땅이 됩니다.

이때 바닷물의 높이가 가장 높을 때와 낮을 때의 해수면 높이의 차를 조차라고 부릅니다. 만조에서 다음 만조까지 걸리는 시간을 조석 주기라고 하는데, 지구의 조석 주기는 12시간 25분입니다. 그리고 만조는 매일 전날보다 50분씩 늦게 일어납니다. 그것은 하루는 24시간이고 조석 주기의 두 배는 24시간 50분이기 때문입니다.

예를 들어 아침 5시에 만조가 되었다고 가정해 보면, 다음 만조는 12시간 25분 후이니까 오후 5시 25분이 됩니다. 그 다음 만조는 다시 12시간 25분 후이니까 다음 날 오전 5시 50분입니다. 그러므로 50분 늦게 만조가 생기게 되는 것입니다.

바다의 강

바다에도 강이 있습니다. 이것은 강물이 바다로 흘러 들어가는 것을 말하는 것은 아닙니다. 바닷물이 마치 강처럼 일정한 방향으로 일정한 속도로 흐르는 걸 해류라고 하는데, 이게 바로 바다의 강입니다.

해류는 바람 때문에 생깁니다. 바람이 오랜 시간 동안 같은 방향으로 바다에 불면 바람이 부는 방향으로 바닷물이 움직이기 때문입니다. 해류를 일으키는 다른 원인으로는 바닷물의 밀도차를 들 수 있습니다. 바닷물은 온도와 염분의 차이에 의해 밀도가 다른데, 극지방의 물은 추우니까 밀도가 크고 적도 지방의 물은 더우니까 밀도가 작습니다.

물은 온도가 올라갈수록 부피가 커집니다. 그러므로 온도가 올라갈수록 밀도가 작아집니다. 무거운 극지방의 물은 밑으로 가라앉고 더운 적도 지방의 물은 위로 뜨니까 물의 대류가 일어납니다. 그러니까 바다의 표면에서는 적도 지방의 더운물이 극으로 올라가고 바다 깊은 곳에서는 극지방의 차가운 물이 적도 지방으로 내려가서 순환이 됩니다.

난류와 한류

따뜻한 지방에서 출발한 해류는 따뜻하므로 따뜻할 난(暖)자를 써서 난류(暖流)라고 하고, 추운 지방에서 출발한 물은 차가우므로 차가울 한(寒)자를 써서 한류(寒流)라고 합니다. 적도 지방의 열은 난류를 통해 고위도 지방으로 전달됩니다.

난류가 흐르면 따뜻할까요?

물론입니다. 영국은 우리나라보다 북쪽에 있지만 북대서양 해류라는 난류가 흐르기 때문에 우리나라보다 겨울이 덜 춥습니다. 또 같은 겨울에도 우리나라는 동해가 서해보다 2도 정도 덜 춥습니다. 그 이유는 동해에 남에서 북으로 흐르는 동한 난류가 흐르기 때문입니다. 우리나라에 가장 큰 영향으로 주는 난류는 온도가 높은 쿠로시오 난류입니다. 이 난류의 일부가 둘로 갈라져 하나는 서해로 흘러가 황해 난류가 되고, 다른 하나는 대한해협을 거쳐 동한 난류가 됩니다.

한류와 난류가 만나는 곳은 어떤 특징이 있을까요?

오호츠크해와 베링해에서 시작된 쿠릴 해류에서 갈라진 북한 해류라고 부르는 한류가 동해안 쪽으로 흘러 들어가서 강원도 중부 해안에서 동한 난류와 만나는데, 이렇게 한류와 난류가 만나는 곳은 플랑크톤과 영양 염류가 풍부해 좋은 어장이 됩니다. 이곳을 조경수역이라고 부르며, 어부들이 가장 좋아하는 곳이기도 합니다.

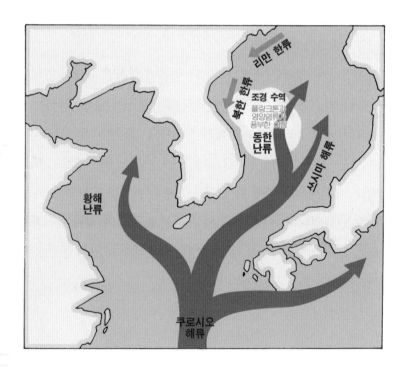

바다 폭포와 바다 온천

바다에도 폭포와 온천이 있습니다. 바다 폭포는 물의 온도 차와 염분의 농도 차이 때문에 생기는데, 차고 염분의 농도가 높은 물은 무겁기 때문에 해구 쪽으로 흘러 들어가면서 폭포가 생깁니다. 바다 온천은 바다 지각이 갈라지면서 지구 속의 뜨거운 마그마가 뿜어져 나와 바닷물을 뜨겁게 만들기 때문에 주위보다 온도가 높은 바닷물이 있는 곳을 말합니다.

바다 속의 모습

깊은 바다 속으로 들어가면 아무것도 보이지 않을까요?

물론입니다. 5m 정도만 내려가도 붉은색은 거의 사라지고 70m를 내려가면 푸른색마저 사라집니다. 그리고 150m를 내려가면 모든 색깔의 빛이 사라져 암흑천지가 됩니다. 그 이유는 무엇일까요? 태양에서 오는 빛이 바닷물에 흡수되기 때문입니다. 붉은빛이 제일 먼저 흡수되고 맨 마지막으로 보랏빛이 흡수됩니다.

상어와 고래

바다의 대표적인 생물인 상어와 고래에 대해 알아보겠습니다.

상어는 바다의 무법자라는 별명을 가지고 있는데, 상어 중에서 제일 유명한 것은 백상아리입니다. 보통 6m 정도이지만 큰 놈은 12m가 넘는 것도 있습니다. 백상아리의 이빨은 300개 정도인데 이빨의 모양은 삼각형이고 크기는 7.5cm 정도입니다. 그리고 평생 2만 개 정도의 이빨을 쓸 수 있습니다. 그리고 상어의 이빨은 줄로 되어 있어서 앞의 이빨이 빠지면 뒤의 이빨이 앞으로 나옵니다.

백상아리는 알을 어미의 배 속에 낳습니다. 알은 어미의 배 속에서 깨어나는데, 깨어난 새끼 상어는 어미의 배 속에서 1.5m 정도 자라는 경우도 있습니다.

상어는 어떻게 피 냄새를 잘 맡을까요? 백상아리는 호흡은 아가미로 하고 코는 냄새만 맡는데 100ℓ의 물속에 떨어뜨린 한 방울의 피 냄새도 맡을 수 있을 정도로 후각이 발달되어 있습니다.

상어는 부레가 없다고 하던데 사실일까요? 물고기는 부레를 이용하여 물에 가라앉았다가 떠올랐다 하는데, 상어는 부레 대신 지방이 많은 간이 있어 물에 쉽게 뜹니다.

상어에게는 로렌치니 기관이라는 것이 있는데 이 기관이 다른 동물이 내는 전류를 감지합니다. 어느 정도 약한 전류가 흐르면 상어는 공격을 하지만 1.5V 건전지처럼 센 전기를 내면 깜짝 놀라 도망을 칩니다.

이번에는 고래에 대해 알아봅시다.

고래는 사람처럼 콧구멍을 통해 폐로 호흡을 하고 새끼를 낳아 젖을 먹이는 포유류입니다. 고래가 물속에 들어갈 때는 콧구멍이 닫히므로 콧구멍으로 물이 들어가지 않습니다. 그리고 고래의 근육 속에는 산소를 저장할 수 있는 미오그로빈이라는 물질이 많이 들어 있어 물속에서 45분 정도를 잠수한 채 있을 수 있습니다. 하지만 그 시간이 지나면 다시 산소를 마시기 위해 수면 위로 올라가야 합니다.

흰수염고래는 고래 중에서 가장 크며, 하루에 먹는 크릴의 양이 자그마치 4톤이 넘습니다.

심해어

깊은 바다 속에도 물고기가 살까요? 물론입니다. 깊은 바다에는 빛이 들어오지 않아 식물들은 살 수 없지만 이런 곳에 사는 물고기들도 있습니다. 초롱아귀, 샛비늘치, 먹장어 같은 물고기들이지요. 이렇게 깊은 바다에서 사는 물고기를 심해어라고 부릅니다.

이 물고기들은 무엇을 먹고 살까요?

바다 위에서 죽어 가라앉은 동물이나 다른 물고기를 먹고 삽니다. 또 심해어는 대부분 입이 크고 가슴을 마음대로 크게 부풀릴 수 있고 몸집이 작아서 적게 먹어도 오랫동안 버틸 수 있습니다.

심해어는 잘 보이는 않는 캄캄한 바다 속을 어떻게 돌아다닐까요?

심해어들의 몸에서는 빛이 나옵니다. 예를 들어 초롱아귀는 머리 위에 있는 낚싯대 모양의 대롱 끝에서 빛을 내 물고기들을 유인

합니다.

깊은 바다 속의 물고기는 수압을 어떻게 견딜까요? 깊은 바다가 수압이 높은 것은 사실이지만 이곳에 사는 물고기들인 심해어는 그 환경에 적응할 수 있는 몸을 가지고 있습니다. 심해어는 지방이 많은 피부를 가지고 있어 수압을 잘 견디는 특징을 가지고 있습니다.

전기가오리

전기를 만드는 물고기가 있을까요? 바다에 사는 전기가오리와 강에 사는 전기뱀장어, 전기메기 등이 전기를 만듭니다. 특히 전기뱀장어는 800V나 되는 전기를 만듭니다. 아마존 강 깊숙이 살고 있는 전기뱀장어는 2m가 넘는 것도 많아 강에서 목욕하는 사람들에게 전기 충격을 주어 매년 부상자가 생긴다고 합니다. 그리고 원주민들은 강을 건너기가 무서워 먼저 말을 건너보낸 뒤, 말이 안전하게 건너면 그제야 건너가곤 합니다.

전기가오리는 어떻게 전기를 만들까요? 전기가오리는 몸 양쪽에 한 쌍의 발전기를 가지고 있습니다. 이 발전기는 전기를 만드는 벌집 모양의 수백 개의 판이 겹쳐져 있는데, 이것으로 전기를 만듭니다.

과학성적 끌어올리기

과학공화국
지구법정 5

해파리 중에도 전기를 발생시키는 것이 있는데, 애기백관해파리, 갈퀴손해파리, 카리브해파리, 빨강해파리, 산데리아해파리, 불해파리 등은 모두 촉수에서 전기를 발생시킵니다.

지구과학과 친해지세요

이 책을 쓰면서 좀 고민이 되었습니다. 과연 누구를 위해 이 책을 쓸 것인지 난감했거든요. 처음에는 대학생과 성인을 대상으로 쓰려고 했습니다. 그러다 생각을 바꾸었습니다. 지구과학과 관련된 생활 속의 사건이 초등학생과 중학생에게도 흥미 있을 거라는 생각에서였지요.

초등학생과 중학생은 앞으로 우리나라가 21세기 선진국으로 발전하는 데 필요한 과학 꿈나무들입니다. 우리가 살고 있는 지구는 기후 온난화 문제, 소행성 문제, 오존층 문제 등 많은 문제를 지니고 있습니다. 하지만 지금의 지구과학 교육은 논리적으로 이해하기보다는 단순히 기계적으로 공식을 외워 문제를 푸는 방법이 성행하고 있습니다. 과연 우리나라에서 베게너 같은 위대한 지구과학자가 나올 수 있을까 하는 의문이 들 정도로 심각한 상황에 놓여 있습니다.

저는 부족하지만 생활 속의 지구과학을 학생 여러분의 눈높이에 맞추고 싶었습니다. 지구과학은 먼 곳에 있는 것이 아니라 우리 주변에 있다는 것을 알리고 싶었습니다. 지구과학에 대한 공부는 우리 주변의 관찰에서부터 시작됩니다. 올바른 관찰은 지구의 문제를 정확하게 해결하도록 도와줄 수 있기 때문입니다.